基礎から学ぶ
有機化学

伊與田正彦
佐藤総一
西長　亨
三島正規

［著］

朝倉書店

はじめに

　有機化学は化学の一分野であるが，生命科学，環境科学，薬学，農芸化学からエネルギー・材料科学，ナノサイエンスに至るまでの幅広い分野の基礎学問として重要である．また，有機化合物はタンパク質，脂質，遺伝子のような生体を形づくり，生命をはぐくむ基礎物質として重要であるばかりでなく，身のまわりに存在する生活必需品や医薬品が有機化合物であることからもわかるように，現代社会と生活を支える重要な物質となっている．

　本書を用いて有機化学を勉強しようとする大学の理系学部・学系の学生諸君は，高等学校ですでに「化学」を学んでいるはずであるが，高等学校における「化学」の教科書は，主に物理化学，無機化学および分析化学を学ぶ目的で書かれており，有機化学については非常に狭い範囲の知識のみを習得すればよかった．その結果，大学に入って有機化学を勉強する場合には，いろいろな化合物の多彩な反応を学ぶことになり，有機化学の面白さを知るまえに「亀の甲」と呼ばれる有機分子の構造を見ただけで，拒絶反応を示す人もいるのが現状である．

　本書は，大学の理系学部・学系の1～2年生が半年から1年間かけて有機化学を学ぶ場合を想定して書かれており，「なぜ有機反応が始まり，その結果として特定の生成物を生じるのか」ということ，および「有機反応はいくつかの基本となる原理がわかればすべてを理解できる」という基本原則のもとに記述されている．有機化学の基本は，まず丸暗記する以外にないが，そのいくつかは高等学校で習得していると考えられるので，その上に立って基礎から有機化学を学ぶことができるように各章を配列させた．最初の1～4章を除いて，各章は官能基に基づいて分けられているが，それぞれの章における各論的な記述は可能な限りさけた．また，本書を独学で勉強する学生諸君にも内容がわかるように，全体にわたり平易な解説を心掛けた．

　本書を出版するにあたり，2003年に出版された『基礎からの有機化学』（朝倉書店，伊與田正彦・山村公明・森田昇・吉田正人著）の内容を踏襲しつつ全面改訂することを基本として作業を進めた．そのため，執筆者は私（伊與田）を除いてすべて新しくなっているが，本書の下地を作っていただいた神戸大学名誉教授 山村先生，東北大学名誉教授 森田先生および島根大学教授 吉田先生にこの場を

借りてお礼申し上げる．

　本書の目的は有機化学を基礎から学ぶことであるが，少し高いレベルを最終目標として設定しているので，非常に難しい部分はとばして先に進み，後から復習することをお奨めする．本書を使って有機化学を学ぶ学生諸君が，有機化学の面白さにふれることを期待してやまない．最後に，本書の出版にご尽力いただきました朝倉書店編集部の方々に感謝します．

　2013年2月

著者を代表して　伊與田　正彦

目　　次

第 1 章　有機化学とは ——————————————————— *1*
　1.1　有機化合物　*1*
　1.2　現在の有機化学　*2*
　1.3　有機化合物の系統と分類　*2*

第 2 章　結合の方向と分子の構造 ——————————————— *4*
　2.1　原子の電子構造　*4*
　2.2　共有結合　*6*
　2.3　炭素原子と sp^3 混成軌道　*7*
　2.4　sp^2 混成と sp 混成：π 結合　*9*
　2.5　混成軌道の比較　*11*

第 3 章　有機分子の形と立体化学 ——————————————— *16*
　3.1　構造異性体と構造式　*16*
　3.2　立体異性体　*17*
　　3.2.1　鏡像異性体　*17*
　　3.2.2　立体配置の表示法　*19*
　　3.2.3　ジアステレオ異性体　*21*
　　3.2.4　不斉炭素原子をもたない鏡像異性体　*23*
　　3.2.5　シス-トランス異性　*23*
　3.3　立体配座　*25*
　　3.3.1　Newman 投影式　*25*
　　3.3.2　シクロヘキサンの立体構造　*27*
　3.4　環状化合物の立体異性　*28*

第 4 章　分子の中の電子のかたよりと非局在化 ———————————— *32*
　4.1　結合の分極　*32*
　4.2　分子間力　*35*

4.3 結合の開裂と電子の流れ　37
4.4 形式電荷　39
4.5 誘起効果と共鳴効果　40
4.6 共鳴安定化と芳香族性　44

第5章　アルカンとシクロアルカン ——————————48
5.1 アルカン　48
5.2 アルカンの命名法　50
5.3 シクロアルカン　52
5.4 アルカンの反応　54

第6章　アルケンとアルキン ——————————57
6.1 アルケン　57
6.2 アルケンの合成　58
6.3 アルケンの反応　59
6.4 共役ジエン　65
6.5 アルキン　66
6.6 アルキンの合成　66
6.7 アルキンの反応　67

第7章　ハロゲン化アルキル ——————————71
7.1 炭化水素のハロゲン置換体　71
7.2 ハロゲン化アルキルの合成　72
7.3 ハロゲン化アルキルの反応　73
7.4 求核置換反応の機構：S_N1反応とS_N2反応　74
7.5 脱離反応の機構：E1反応とE2反応　77
7.6 求核置換反応と脱離反応の起こりやすさ　79

第8章　アルコールとエーテル ——————————82
8.1 アルコール　82
8.2 アルコールの合成　83
8.3 アルコールの反応　86
8.4 エーテル　88

8.5　エーテルの合成と反応　*88*
8.6　環状エーテル　*89*

第9章　ベンゼンと芳香族炭化水素 — *92*
9.1　芳香族炭化水素の構造　*92*
9.2　ベンゼン誘導体の命名法　*93*
9.3　芳香族求電子置換反応　*94*
9.4　求電子置換反応の配向と活性化効果　*97*
9.5　σ錯体の安定性　*98*

第10章　置換ベンゼン類の合成と反応 — *102*
10.1　フェノール類　*102*
10.2　芳香族炭化水素のハロゲン置換体　*105*
10.3　アニリン　*106*
10.4　ジアゾニウム塩　*107*
10.5　芳香族化合物の還元　*108*

第11章　カルボニル化合物 — *111*
11.1　カルボニル化合物の構造と命名法　*111*
11.2　カルボニル化合物の合成　*112*
11.3　求核付加反応　*113*
11.4　求核付加反応と脱離反応　*116*
11.5　カルボニル化合物の還元と酸化　*118*
11.6　ケト-エノールの平衡　*120*
11.7　エノールおよびエノラートイオンの反応　*121*

第12章　カルボン酸とその誘導体 — *125*
12.1　カルボン酸　*125*
12.2　カルボン酸の酸性　*126*
12.3　カルボン酸の合成と反応　*127*
12.4　エステル　*130*
12.5　酸塩化物と無水物　*132*
12.6　カルボン酸アミドとニトリル　*133*

第13章 アミンとニトロ化合物 ——— 137
- 13.1 アミン　*137*
- 13.2 アミンの塩基性　*139*
- 13.3 アミンの合成　*140*
- 13.4 アミンの反応　*141*
- 13.5 ニトロ化合物　*142*

第14章 複素環化合物 ——— 145
- 14.1 ピリジン　*145*
- 14.2 ピロールとフラン　*146*
- 14.3 そのほかの複素環化合物　*148*

第15章 生体構成物質 ——— 150
- 15.1 糖類　*150*
- 15.2 単糖類　*150*
- 15.3 二糖類　*153*
- 15.4 多糖類　*154*
- 15.5 脂質　*155*
- 15.6 アミノ酸　*156*
- 15.7 ペプチドとタンパク質　*157*

第16章 ポリマー状物質 ——— 160
- 16.1 ポリマーとモノマー　*160*
- 16.2 線状ポリマーと枝分かれポリマー　*161*
- 16.3 重合の様式　*161*
- 16.4 立体規則性ポリマー　*166*

問題解答 ——— 169
索　引 ——— 179

1
有機化学とは

1.1 有機化合物

　化学とは，世の中に存在する物質が，(1) どのような成分から成り立っているのか，(2) どのような構造をしているのか，(3) どのような性質および機能をもっているのか，(4) どのような反応性を示すのか，などを原子や分子のレベルで明らかにする学問である．現在までに知られている物質の数は，7000万以上であり，このうち90％が炭素を構成元素として含んでいる．有機化学はこの膨大な数の炭素化合物を対象とする化学であり，有機化学を体系的に整理することによって，どのような要因によって有機化合物の性質が決まるのか，あるいは有機化学反応がどのようにして起こるのかを明らかにすることができる．

　有機化合物は，19世紀の前半までは生物によってのみつくられると考えられていた．しかし，1828年にドイツのヴェーラー（F. Wöhler）が無機化合物であるシアン酸アンモニウム（NH_4OCN）を加熱することによって有機化合物である尿素が生成することを見出し，さらに1845年にコルベ（A. W. H. Kolbe）が二硫化炭素から酢酸を合成することによって，有機化合物が生命力の作用によってのみつくられるという考え方が否定された．その後，多くの有機化合物が合成できるようになり，生命現象に由来する「有機化合物」という言葉本来の意味は失われたが，現在でも有機化合物が生命現象に深くかかわっていることはいうまでもない（第15章）．このように有機化学は生物学や医学との関連が深く，また高分子材料（第16章）などにみられるようにわれわれの生活にも密着している．

　多種類の有機化合物を効果的に利用することは，健康で豊かな暮らしを支える基礎となっているが，有機化学が有用な物質のみをつくり出してきたわけではない．近年，大気汚染，水質汚染，環境汚染，廃棄物，薬害，食品中の残留農薬など，さまざまな弊害が社会問題となっている．これらの問題は，われわれの化学に対する知識の未熟さと，あまりにも便利さや経済性を優先させた結果生じたと考えられるが，このような問題を解決するためにも有機化学の助けが必要である．そのためには有機化学をより深く理解しなければならない．

1.2　現在の有機化学

21世紀には，環境問題をはじめとする資源，エネルギー，食糧，人口問題など，われわれ人類の存亡にかかわる難問が山積している．これらの課題を解決する鍵の一つが進化した化学であり，21世紀がケミカルサイエンスの時代であるといわれる所以である．では，このような化学の進歩はどのようなところから起こるであろうか？　有機化学についてみると，一つは新しい構造をもつ物質が自然界で見出されて，それが薬などに使われることである．フグ毒のような海産物の毒，ペニシリンなどの抗生物質，および生物の代謝を支配しているプロスタグランジンがこの例である．

また，人工的につくられた C_{60} やカーボンナノチューブ，合成医薬や環境に調和した化学農薬および耐熱性ポリマーや電気を流すプラスチックなどは産業界で幅広く利用されている．

1.3　有機化合物の系統と分類

有機分子は，炭素で構成される骨格とその骨格に導入された官能基（特有の化学反応を起こす中心となる原子団）から成り立っている．したがって，有機化合物は，骨格と官能基との二つの観点から分類されている．炭素鎖の骨格によって

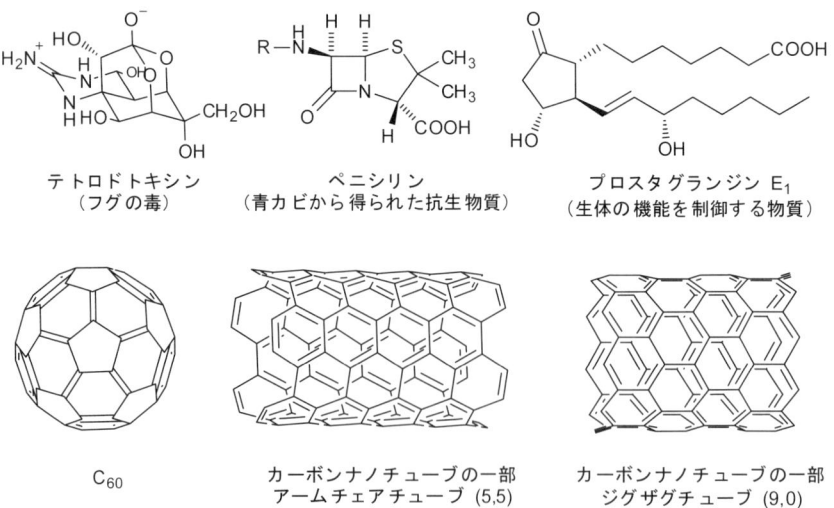

図 1.1　重要な機能をもった有機分子

1.3 有機化合物の系統と分類

有機分子を分類すると次の3種類に分かれる.
① 鎖状化合物:炭素鎖が環状構造をとらずにつながっている化合物.
② 炭素環式化合物:炭素原子だけで形成される環状化合物.脂環式化合物と芳香族化合物にさらに分類される.
③ 複素環式化合物:環内に炭素原子以外の原子(ヘテロ原子)を少なくとも1個含む環状化合物.ヘテロ原子としては,酸素,窒素,イオウが一般的である.

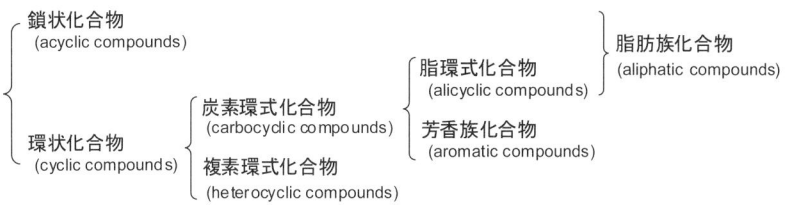

有機化合物の性質を決めているのは主として官能基であり,本書の6~8, 11~13章は官能基の性質に基づいてまとめられている.官能基は,どのような化合物においても類似の化学的挙動を示す.また,ある化学的な変化が官能基に起こっても,一般に分子の残りの部分はもとの構造を保持する.したがって,分子の骨格に関係なく,官能基のみに注目して有機分子を分類すれば,有機化合物の反応を系統的に学ぶことができる.表1.1に主な官能基と,それらを含む一群の化合物の名前を示す.

表 1.1　代表的な官能基

構造	官能基の名前	化合物の名前	章
R-CH=CH-R'	炭素-炭素二重結合	アルケン	6
R-C≡C-R'	炭素-炭素三重結合	アルキン	6
R-X (X=F, Cl, Br, I)	ハロゲン	ハロゲン化物	7
R-OH	ヒドロキシ基	アルコール	8
R-O-R'	エーテル結合	エーテル	8
R-CHO	ホルミル基	アルデヒド	11
R-CO-R'	カルボニル基	ケトン	11
R-COOH	カルボキシル基	カルボン酸	12
R-COO-R'	アルコキシカルボニル基	エステル	12
R-NO$_2$	ニトロ基	ニトロ化合物	13
R-NH$_2$	アミノ基	アミン	13

2

結合の方向と分子の構造

　有機分子は炭素を中心とした化合物であり，その基本骨格が炭素-炭素結合によって構成されている．イオン結合とは異なり，共有結合は一定の方向をもつので，それぞれ固有の立体構造が存在する．本章では，分子の立体構造の基礎となる炭素原子の電子状態，混成軌道の概念を理解し，有機分子の構造の由来を学ぶ．

2.1　原子の電子構造

　電子は原子の中心にある原子核のまわりを動いており，その位置は量子力学に基づいて表される原子軌道によって示される．しかし，電子は軌跡が描かれるような，ある一定の空間を回っているわけではなく，存在する確率の高い位置が軌跡として表される．その確率の大小を濃淡の点で表したものを電子雲とよぶ．電子が多く存在する確率として，電子の位置が示される原子軌道には，主量子数，方位量子数および磁気量子数の3個の量子数が関わっており，それぞれにある一定の電子のエネルギー，形および向きが対応する．また，電子の状態をより正確

表2.1　原子中の電子が取りうる状態

主量子数 n	電子殻	方位量子数 l	記号	磁気量子数 m	スピン量子数 s		収容しうる電子数
1	K	0	1s	0	± 1/2	2	$2\ (2\times1^2)$
2	L	0	2s	0	± 1/2	2	$8\ (2\times2^2)$
		1	2p	-1 0 +1	± 1/2 ± 1/2 ± 1/2	6	
3	M	0	3s	0	± 1/2	2	$18\ (2\times3^2)$
		1	3p	-1 0 +1	± 1/2 ± 1/2 ± 1/2	6	
		2	3d	-2 -1 0 +1 +2	± 1/2 ± 1/2 ± 1/2 ± 1/2 ± 1/2	10	

2.1 原子の電子構造

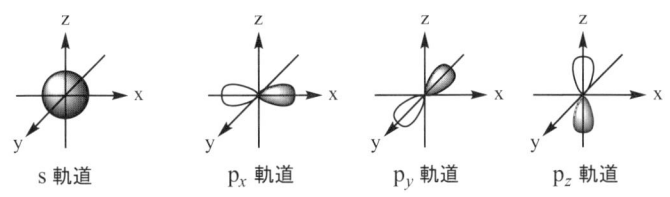

図 2.1 s 軌道と p 軌道の形と方向

に表すために，第 4 の量子数としてスピン量子数が必要となる．

主量子数が 1 の場合には方位量子数 0 の 1s 軌道があり，主量子数 2 では方位量子数 0 の 2s 軌道と方位量子数 1 の 2p 軌道がある．p 軌道にはさらに磁気量子数に基づく 3 種の軌道（p_x, p_y, p_z）が存在する．s, p 軌道のほかに d, f 軌道も存在する．d 軌道は 5 種類の軌道を，f 軌道は 7 類種の軌道をもつ．

図 2.1 に示されるように，s 軌道は球対称であるので，方向性をもたない．三つの p 軌道は同じ亜鈴形をしているが，それぞれ 3 本の座標軸に沿った方向をもち，互いに直交している（図 2.1）．いずれにおいても原子核の位置では電子の存在確率は 0 であるので，正負の電荷をもつ原子核と電子はくっつくことなく，電子は座標軸に沿った原子核の両側に存在する．

電子のエネルギーは電子が存在する原子軌道のエネルギーとして示され，エネルギー準位という．窒素原子とネオン原子を例にとる（図 2.2）．ここでは各軌道をマス目で記述することにする．主量子数 1 である 1s 軌道のエネルギー準位が最も低く，主量子数 2, 3, … の順にエネルギーが高くなり，その軌道自体の大きさも大きくなる．p 軌道は s 軌道より，わずかにエネルギーが高いところに位置している．また，原子の中の電子は低いエネルギー準位の軌道から順に満たされていくが，一つの軌道には 2 個の電子（電子対）しか入ることができない．このとき，2 個の電子はそれぞれ逆のスピン（電子が自転するときの向きが互いに逆方向であること，↑と↓で表す）をもたねばならない．これを Pauli の排他原理という．p（d, f）軌道内の同一のエネルギー準位にある軌道へ電子が満たされていくとき，それ

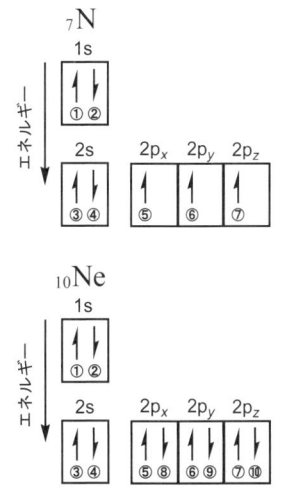

図 2.2 窒素原子とネオン原子の電子配置と電子が入る順番（エネルギーダイアグラム）

れの軌道はスピンの向きが同じで，対をつくらず一つずつ分散して電子が収容される．これを Hund の規則という．すべての軌道が1電子ずつ埋められたら，次に逆のスピンの電子が一つずつ入り，最終的にすべての軌道が二つのスピンの異なる電子によって埋められる．

【参　考】

このようにエネルギー準位の低い軌道から，2つの法則を守って電子を入れていけば，すべての原子の電子配置が描けるが，軌道の前の数字が小さい方から s → p → d → f 軌道の順に電子を埋めていくと，落とし穴がある．実は軌道の前の番号の順番が逆転してしまうところがいくつかあるからである．例えば，3d 軌道よりも 4s 軌道の方がエネルギー準位が低いため，先に電子が充填される．4d と 5s もそれに該当する．しかしこの順番を丸暗記するのは面倒なので，左記のような図を用いて，電子の充填順を確認するとよい．左端に下から s 軌道群を，その右に主量子数を揃えて下から p 軌道群を，というように順次 d 軌道，f 軌道を書く．その後右下から左斜め上に矢印を書いていく．矢印の先に軌道がなくなったら，次の列に移る．こうすると各軌道に電子を埋めていく順序を間違えなくなる．この図を書けるようにしておけば，いつでも電子を入れる順序を思い出すことができる．

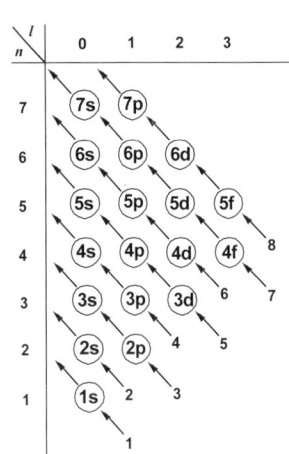

2.2　共有結合

一つの原子軌道にほかの原子軌道が近づいて重なると，二つの原子核を中心にして，新しい分子軌道が形成される．生じた分子軌道には原子軌道の場合と同様，2個の電子のみが入ることができる．このとき，二つの核の間に位置する確

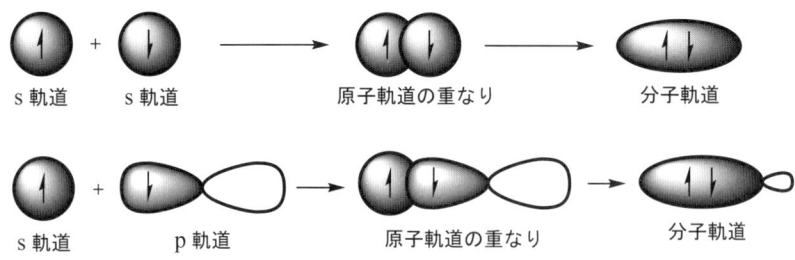

図 2.3　二つの原子軌道の重なりによる分子軌道の形成

率が大きくなる電子の存在により，二つの原子核は互いに引き合う．しかし核と核とが近づきすぎると，逆に原子核どうしの反発が起こるようになるので，電子は二つの原子間を結ぶ軸上のつり合いのとれたところに位置することになる．このようにして形成された化学結合が，**共有結合**（covalent bond）である．その中でも，二つの原子間を結ぶ軸方向を向いた原子軌道どうしの結合を，**σ結合**と呼ぶ．

いろいろな原子軌道が重なることによって分子軌道が生じ，生じた分子軌道はいずれも結合軸に対して対称な形をとる（図2.3）．また机上で書かれる構造式内の結合1本が，形式上2電子でできていることを覚えておこう．

原子価結合法

分子においても原子軌道が存在することを前提として結合を取り扱う方法を**原子価結合法**（valence bond method, VB法）という．VB法とは化学結合を各原子の原子価軌道に属する電子の相互作用によって説明する手法である．現在主流の分子軌道法（MO法）を用いた解釈では，電子は分子全体に非局在化（1か所にとどまらず，まんべんなく広がること．4.5節参照）した軌道に属すると考えるのに対し，原子価結合法では電子はある1つの原子の原子軌道に**局在化**（局所的に存在すること）しているものと考える．MO法と比べて実際の結合にそぐわない面も出てくるが，分子の化学結合論を学ぶのに非常に理解しやすい概念である．この方法を用いて次に混成軌道の概念を学ぼう．

2.3　炭素原子と sp³ 混成軌道

炭素原子は6番目の原子であり，6個の電子を有する．6個の電子を先ほどの電子を入れる順番の図に従って軌道に埋めていくと，図2.4のような電子配置となる．最初の四つの電子は1s，2s軌道にそれぞれPauliの排他原理に従って対をなして入る．残りの二つの電子は2p軌道にHundの規則に従って，二つの2pの軌道にそれぞれ入ることになる．この状態が炭素原子の状態であるとすれば，

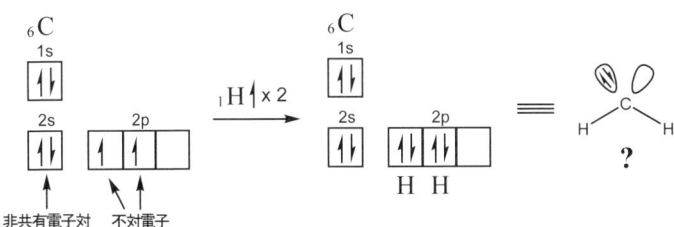

図 2.4　炭素原子の電子配置

最外殻電子は 2s と 2p の 2 種類の軌道となり，結合に使用される電子は非共有電子対（lone electron pair）が一つ，不対電子（unpaired electron）が二つとなり，二つの不対電子が共有結合をつくるとすれば，2 本の σ 結合をもつ現実にそぐわない化合物となってしまう．

しかし，炭素は 4 本の σ 結合をもつ場合，安定な化合物となることが知られている．これらの事実を解釈するために混成軌道（hybrid orbital）の考え方が導入された．

最も単純な分子であるメタン CH_4 の構造をみてみよう．四つの C–H 結合はいずれも 1.09 Å の長さをもち，正四面体の中心から頂点の方向に伸びている．このとき，結合角はすべて等しく，109.5°になっている．これは炭素が 4 本の σ 結合をつくるときに，一つの s 軌道と三つの p 軌道から新しい 4 本の等価な混成軌道をつくるからである．まず，共有結合をつくるとき，2s 軌道に収容されている電子対のうちの一つが空の $2p_z$ 軌道に移る．このような電子の移動を昇位という（図 2.5）．昇位にはエネルギーが必要である．しかし，昇位することによって 2 本ではなく，4 本の共有結合が形成されることになるので，その際に放出されるエネルギーによって昇位に必要なエネルギーが補われる．

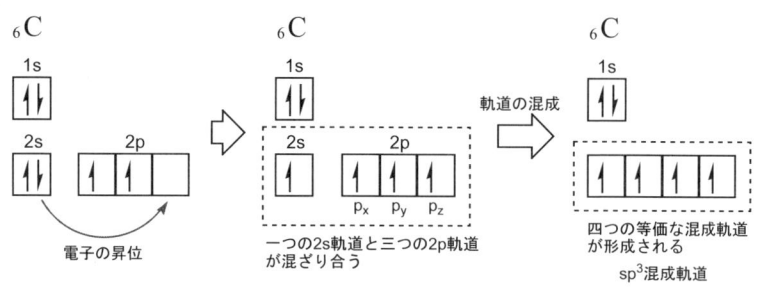

図 2.5　炭素原子の混成軌道の形成

このように軌道が再構成されることを混成といい，新しくできた原子軌道を混成軌道（hybrid orbital）という．形成された炭素の混成軌道は，1 個の 2s 軌道と 3 個の p 軌道からつくられるので sp^3 混成軌道とよばれる．したがって，sp^3 混成軌道は s 軌道の性質を 1/4，p 軌道の性質を 3/4 ずつ含むことになる．また，その混成軌道においては四つの方向に伸びた電子雲間の反発が最も少なくなるように，軌道は互いに最も離れた位置をとる．このことから，sp^3 混成軌道は正四面体の中心から各頂点の方向に伸びることとなる（図 2.6）．メタン分子で

は，4個のsp³混成軌道がそれぞれ水素とσ結合をつくっている．また，炭素−炭素間では，2個のsp³混成軌道が重なり合ってσ結合をつくる．

2.4 sp²混成とsp混成：π結合

エテン $H_2C=CH_2$ は平面分子であり，その炭素−水素および炭素−炭素結合はsp²混成軌道を用いて形成される．すなわち，炭素の2s軌道にある電子が昇位し，2s軌道と二つの2p軌道 p_x, p_y が混ざり合って新しい等価な三つの混成軌道ができる（図2.7）．生じたsp²混成軌道はsp³軌道の場合と同様，三つの混成軌道に入る電子間の反発が最も少なくなるように，最も遠く離れた，正三角形の中心から各頂点を向いた120°の角をなす軌道を形成する．この場合，混成に使われなかった1個の電子を含む $2p_z$ 軌道は，sp²混成軌道がつくる平面から上下に垂直に出ている．

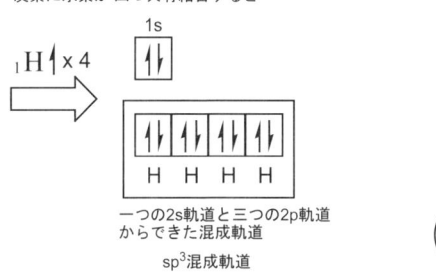
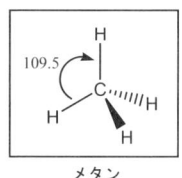

図 2.6 炭素原子のsp³混成軌道とメタンの形成

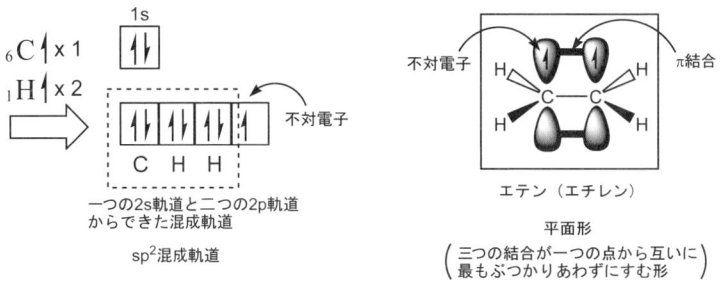

図 2.7 炭素原子のsp²混成軌道とエテン（エチレン）の形成

エテン分子では，2個のsp^2混成炭素原子が軸方向で重なり合うことによって1本の炭素-炭素σ結合を形成し，それぞれの炭素原子における残りのsp^2軌道が水素原子と結合する．炭素-炭素σ結合が形成されるとき，二つの炭素原子に残っている$2p_z$軌道も重なり合って分子軌道が形成され，その軌道もそれぞれがもち寄った合計2個の電子で満たされる．その際，p_z軌道が最も大きく重なるのは，両方のsp^2混成炭素原子が同じ平面にあるときである．したがって，エテン分子のすべての炭素原子と水素原子が一つの平面上にのることになる．このとき，p_z軌道の重なりによってつくられる分子軌道に入る電子をπ電子といい，二つのπ電子によりできる共有結合をπ結合という．このように二重結合は，1本のσ結合と，1本のπ結合からつくられている．

σ結合は，結合軸のまわりで回転させても分子軌道の形に変化を与えることがないので，単結合の場合は自由に回転する．しかし，π結合の回転は，分子面に垂直なp_z軌道どうしの重なりを小さくしてしまうので，大きなエネルギーが必要になる．したがって，二重結合の場合には，結合軸のまわりの回転は起こらない．

炭素原子がつくる，もう一つの混成軌道はsp混成軌道とよばれる．sp混成軌道は，1個のs軌道と，1個のp軌道からできる等価な二つの軌道で，互いに180°の角度で逆方向に伸びている（図2.8）．

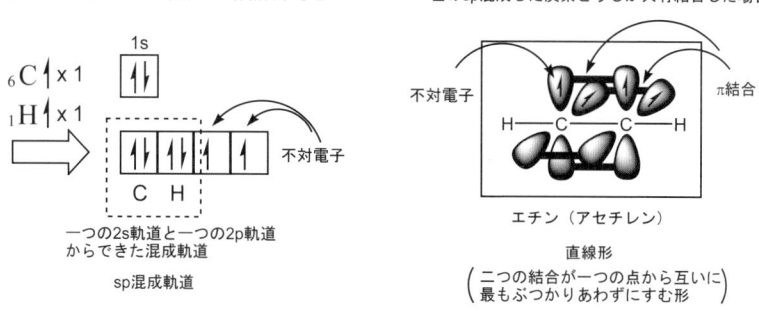

図2.8 炭素原子のsp混成軌道とエチン（アセチレン）の形成

エチン HC≡CH 分子では2個の水素原子と2個の炭素原子，計4個の原子が一つの直線上に並んだ構造をしており，炭素-炭素σ結合はsp混成軌道の重なりによって生じる．炭素-炭素三重結合にはsp軌道どうしのσ結合のほかに，混成に加わらないで残ったp_yとp_z軌道どうしがそれぞれ重なり合ってできる2組のπ結合が含まれる（図2.8）．

2.5 混成軌道の比較

今まで学んだ混成軌道の違いがエタン，エテンおよびエチン分子の炭素-炭素および炭素-水素結合の性質にどのように反映されるだろうか．表2.2の例をみてみよう．

混成に含まれるp軌道の割合が多くなれば，C-H結合距離は長くなるこ

表2.2 炭素原子の混成軌道の比較

化合物名	構造式	結合次数	混成軌道	C-H結合距離(Å) / C-C結合距離(Å)	C-C結合解離エネルギー(kJ mol⁻¹)
エタン	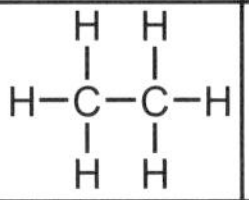 H₃C-CH₃	1	sp³	1.094 / 1.54	368
エテン(エチレン)	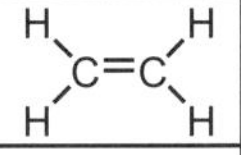 H₂C=CH₂	2	sp²	1.087 / 1.34	718
エチン(アセチレン)	H-C≡C-H	3	sp	1.060 / 1.21	960

とがわかる．これは球対称のs軌道に比べp軌道は核の位置から外に向かって伸びた形をしているためである．先に学んだように，sp³混成軌道の四つの軌道は1/4のs性と3/4のp性をもつが，sp²の各軌道は1/3のs性と2/3のp性，sp軌道は1/2ずつのs性とp性をもつことになる．p性の大きな軌道はふくらみが小さいが，原子核から遠くまで延びており，また軌道のエネルギーは高いところにある．一方，炭素-炭素結合距離は結合次数が増すほど短くなり，それとともに結合解離エネルギーは大きくなっている．

VSEPR則（原子価殻電子対反発則）

VSEPR則とは「原子価軌道上の電子は相互に反発し，電子対はその反発が最も小さくなるように配置する」というものである．一般に共有結合で使われている2電子は，結合

非共有電子対と非共有電子対 > 非共有電子対と共有結合電子 > 共有結合電子と共有結合電子

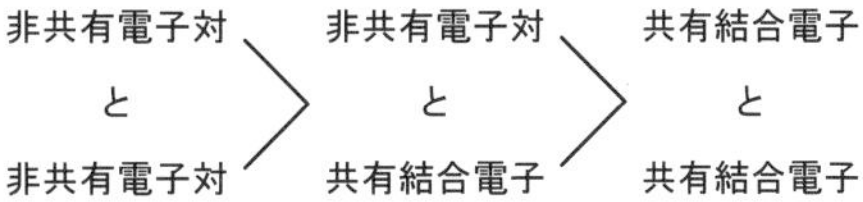

図2.9 分子内での電子対どうしの反発強度の順位

軸近傍に電子雲が集中しているが，非共有電子対は原子近傍で広がった電子雲をもっている．クーロンの法則から，同じ距離であれば大きな領域を占有する電子軌道の場合ほど強く反発するので非共有電子対どうしの反発が大きく，共有結合どうしの反発は小さくなる．すなわち，図2.9のような反発の順序となる．

ここでメタン，アンモニア，水の三つの分子の構造について比較する．メタンは上記で述べたように，中心の炭素がsp³混成となり，四つのC-H結合が等価なことから正四面体構造をとる．その際のH-C-H角は全て109.5°となる．アンモニアは中心の窒素原子に三つのH-N結合と一つの非共有電子対を有し，

sp³ 混成となる．窒素原子は 2s 軌道に 2 個，2p 軌道に 3 個の電子があり，四つの sp³ 混成軌道の三つに不対電子が存在するため，その電子と水素が共有結合してアンモニア分子が形成される（図 2.10）．

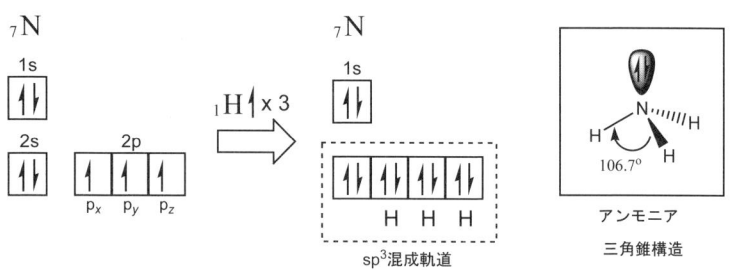

図 2.10 窒素原子の sp³ 混成軌道とアンモニアの形成

その際，メタンのように共有結合の電子どうしの反発のみでなく，一つ存在する非共有電子対と H−N 結合の電子との反発が生じる．VSEPR 則から，窒素上の非共有電子対と H−N 結合の電子の反発の方が，メタンのような共有結合の電子の反発のみの場合より大きいため，3 つの H−N 結合は非共有電子対に押され，H−N−H 角は 109.5° より小さくなり，106.7° となる．このように四面体構造の一角を非共有電子対が占めると，三角錐構造となる．また水分子は，中心の酸素原子上に 2 つの H−O 結合と 2 つの非共有電子対を有し，sp³ 混成となる．酸素原子は，2s 軌道に 2 個，2p 軌道に 4 個の電子があり，四つの sp³ 混成軌道の二つに不対電子が存在するため，その電子と水素が σ 結合して水分子が形成される（図 2.11）．

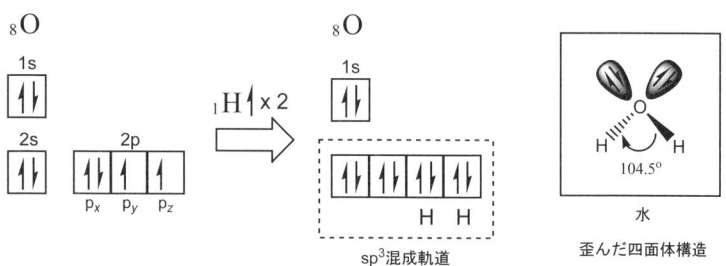

図 2.11 酸素原子の sp³ 混成軌道と水の形成

その際,酸素原子上に2つの非共有電子対が存在するため,アンモニアよりもH–O結合の電子は強い反発を受け,H–O–H角はさらに狭い104.5°となっている.

ここでアンモニアと水分子の非共有電子対の働きについて考えてみる.非共有電子対は,空の軌道をもつ原子に対して2電子を供与して**配位結合**を作る能力を持つ.ここで原子価結合法を用いて配位結合を表現すると以下のようになる(図2.12).

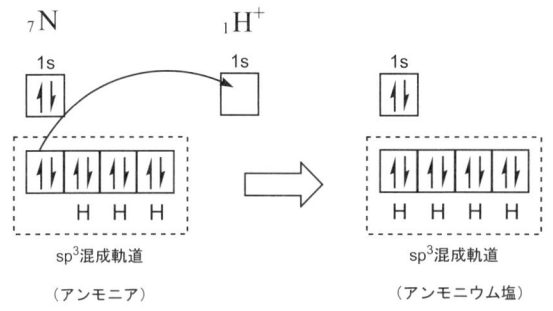

図 2.12 プロトンへのアンモニアの配位

例えばアンモニアに酸を作用させた場合,アンモニアはアンモニウム塩に変化する.このときアンモニアの非共有電子対がプロトン(H$^+$)に配位したことになる.プロトンとは水素原子から電子が一つ抜けたものなので,1s軌道内は電子が空の状態である.ここに窒素原子のsp^{3}混成軌道の非共有電子対が入る(共有する)ことによって新たなH–N結合が形成される.この結果,4つのH–N結合は等価となり,配位されたプロトンがどれか区別できなくなる.この時H–N–H角は109.5°となり,電子配置がメタンの場合と同じになることから,メタンと**等電子体**(isoelectronic molecule)である.アンモニア分子全体の電荷は,プロトンがもっていた電荷を受け継ぎ+1となる.

次にオキソニウム塩について考えてみる.オキソニウム塩は,水の酸素原子上にある二つの非共有電子対の一つがプロトンに配位し,新たにH–O結合を形成した分子で,この場合も2s軌道と三つの2p軌道が混成しsp^{3}混成軌道となる.混成した後は三つのH–O結合が等価となり,配位されたプロトンがどれか区別できなくなる.この時H–O–H角は106.7°となり,電子配置がアンモニアの場合と同じになることから,アンモニアと等電子体となる.オキソニウム

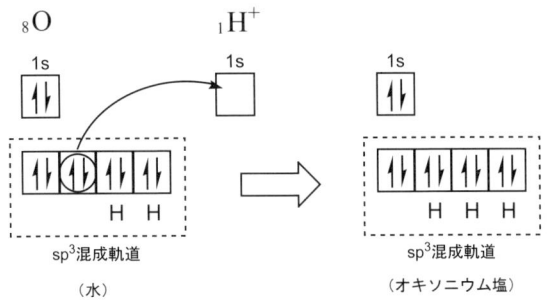

図 2.13 プロトンへの水の配位

塩の分子全体の電荷は，プロトンが持っていた電荷を受け継ぎ+1 となる（図2.13）．

分子軌道法

これまで原子価結合法（VB 法）を用いて説明してきたが，分子における共有結合のもう一つの考え方として，**分子軌道法**（molecular orbital method，MO 法）がある．MO 法では，分子内の電子は分子を構成する全ての原子核に結び付けられ，分子全体に広がる分子軌道を占めると考える．MO 法は VB 法ではうまく説明できないような分子の性質を明らかにできる場合があり，VB 法より進んだ方法といえる．しかし，結合の方向性を考える場合などでは VB 法の方が簡便で都合がよいこともある．最近は計算機の発達により，ほとんど MO 法で結合様式を解釈できるようになってきている．

まとめ

① 原子の中心にある原子核のまわりを動いている電子の空間配置は量子力学に基づいて表される**原子軌道**によって示される．

② 軌道には s, p (d, f) などの種類があり，**s 軌道**は球形を，**p 軌道**は *xyz* 座標の軸上に伸びた形をとる．

③ 原子の中の電子は低いエネルギー準位の軌道から順に満たされていくが，一つの軌道には 2 個の電子しか入ることができない．このとき，2 個の電子はそれぞれ逆のスピンをもたねばならない．（**Pauli の排他原理**）

④ 軌道内の同一のエネルギー準位にある軌道へ電子が満たされていくとき，それぞれの軌道はスピンの向きが同じで，対をつくらず一つずつ分散して電子が収容される．（**Hund の規則**）

⑤ 炭素原子は，2s 軌道の電子が 2p 軌道に一つ昇位し，**sp³ 混成軌道**という四つの

等価な軌道を形成する．
⑥ エテン（エチレン）の炭素は，**sp² 混成軌道**を形成し，炭素間の二重結合は，一つの σ 結合と一つの π 結合で形成されている．
⑦ エチン（アセチレン）の炭素は，**sp 混成軌道**を形成し，炭素間の三重結合は，一つの σ 結合と二つの π 結合で形成されている．
⑧ 分子の構造は，結合が空間に広がる際に生じる電子対反発に大きく左右される．（**VSEPR 則**）
⑨ 原子価結合法で，アンモニアや水のプロトンへの配位結合様式も説明することができる．

問　題

[1] 次の各元素の基底状態の電子配置をエネルギーダイアグラムで示せ．
　　a) 炭素　　b) 窒素　　c) 酸素
[2] 次の化学種における各炭素原子の混成は何か．
　　a) $(CH_3)_2CH_2$　　b) CO_2　　c) CH_3CHO　　d) ベンゼン C_6H_6
[3] アンモニウムイオン NH_4^+ とオキソニウムイオン H_3O^+ の構造を，窒素および酸素の sp³ 混成軌道を用いて示せ．

3

有機分子の形と立体化学

　同じ分子式をもっているが，性質の異なる化合物は異性体とよばれる．結合の順序が異なる構造異性体，結合の順序が同じでも，三次元的な配置が異なる立体異性体がある．右手と左手は同じ形をしているが，互いに重ね合わせることができない．しかし，鏡に写った右手の像は，左手と重なり一致させることができる．このような，右手と左手の関係にある立体異性体は互いに鏡像異性体とよばれる．本章では，有機化合物の性質を決める要因の一つである立体化学について学ぶ．

3.1 構造異性体と構造式

　分子式に含まれる各原子がどのような順序で結合しているかを示すため，原子間の価標で表したのが**構造式**である．分子式が同じでも，炭素骨格の形や官能基の種類，あるいはその位置や数が異なれば，別の構造式で表される．このように，分子式が同じで構造式が異なることを**構造異性**といい，構造異性の関係にある化合物を互いに**構造異性体**という．

　分子式 $C_5H_{10}O$ のアルデヒドには，次の四つの構造異性体が考えられる．

　また，アルデヒド $C_5H_{10}O$ に対し，官能基の異なる構造異性体には，例えば次ぎのような化合物がある．

構造式を示す場合，結合をすべて記す必要はなく，誤解される心配がないかぎり一部分を省略することができる．上の構造式を省略すると次のようになる．

$CH_3-CH_2-CH_2-CH_2-CHO$　　　$CH_3-CH-CH_2-CH_3$　　　$CH_3-CH-CH_2-CHO$
　　　　　　　　　　　　　　　　　　　　　　$|$　　　　　　　　　　　　　　　　$|$
　　　　　　　　　　　　　　　　　　　　　CHO　　　　　　　　　　　　　　　CH_3

　　　　CH_3
　　　　$|$
$CH_3-C-CHO$　　　$CH_3-CH=C-CH_2OH$　　　$CH_3-CH_2-O-CH=CH-CH_3$
　　　　$|$　　　　　　　　　　　　$|$
　　　　CH_3　　　　　　　　CH_3

炭素鎖が長い化合物や環状の化合物では，下のような線表示の構造式が用いられることもある．炭素骨格についた水素原子はすべて省略されている．

3.2 立体異性体

結合の三次元的な配置を考慮した構造を**立体配置**といい，立体配置の違いによる異性体を**立体異性体**という．sp^3炭素の立体配置に起因する異性体には鏡像異性体（エナンチオマー）（3.2.1項），ジアステレオ異性体（3.2.3項），環状化合物のシス-トランス異性体（3.4節）がある．sp^2炭素，すなわち炭素-炭素間の二重結合に起因する異性体には，シス-トランス異性体がある（3.2.5項）．

3.2.1 鏡像異性体

乳酸 $CH_3CH(OH)CO_2H$ には，原子や原子団の三次元的な配列の仕方が異なる二つの構造が存在する（図3.1）．このⅠとⅡの二つの構造は，実体と鏡像の関係にあり，互いに重ね合わせることができない．このような関係にある立体異性体

図 3.1 乳酸の鏡像異性体

を鏡像異性体またはエナンチオマーという．右手と左手の関係であることから，対掌体ともよばれる．

実像と鏡像を重ね合わせることができないとき，ギリシャ語の"手をもった"の意に由来する言葉を用いて，その形はキラルであるという．鏡像異性体はキラルな構造をもつことになる．キラルでない分子はギリシャ語の"手をもたない"の意に由来する言葉を用いて，アキラルという．図 3.1 の乳酸の sp^3 炭素原子の中で，＊印のついた炭素原子は 4 個の異なる原子または原子団（$-H$，$-CH_3$，$-OH$，$-CO_2H$）と結合しており，そのため，分子に対称面がないことがわかる．このような炭素原子を不斉炭素原子という．また，不斉炭素原子をキラル中心とよぶこともある．この不斉炭素をもつことが鏡像異性体になることの一つの条件である．しかし，不斉炭素をもつ化合物がすべて鏡像異性体をもつわけではない．後に学ぶメソ酒石酸のように（3.2.3項），不斉炭素が存在しても，分子内に対称面が存在する場合には，光学活性を示さない例も知られている．

不斉炭素原子をもつ化合物の立体配置を紙面上に書き表すのに，Fischer 投影式がしばしば用いられる．不斉炭素原子を中心に，上下においた 2 本の結合は紙面の背後に向いており，左右においた残りの 2 本の結合は紙面の上側に向かっている．図 3.2 に乳酸の鏡像異性体 I と II の Fischer 投影式を示した．

鏡像異性体の Fischer 投影式において，任意の二つの結合を 1 回（または奇数回）交換すると，逆の立体配置をもつ異性体になる．鏡像異性体の特徴は，それぞれが平面偏光の偏光面を回転させる性質，すなわち旋光性をもつことである．さらに，同一の条件で測定すれば，回転した角度の大きさはそれぞれの異性体どうしで等しく，向きだけが正反対になる．光源の方向にみて偏光面を時計方向に回転させるときは，その異性体が右旋性であるといい，その逆方向に回転させるときは左旋性であるという．右旋性の物質に（＋）または d を，左旋性の物質に（－）または l を，それぞれの名称の前につけて区別する．乳酸の場合，＋3.82 の比旋光度をもつ（＋）-乳酸と－3.82 の比旋光度をもつ（－）-乳酸の一対の鏡像異性体が存在する．（－）-乳酸は図 3.2 の I の立体配置をもち，（＋）-乳酸は II の立体配置であることが明らかにされている．

旋光性を示す物質を光学活性であるという．鏡像異性体のそれぞれはもちろん光学活性である．しかし，（＋）と（－）の鏡像異性体を等量ずつ混合すると，

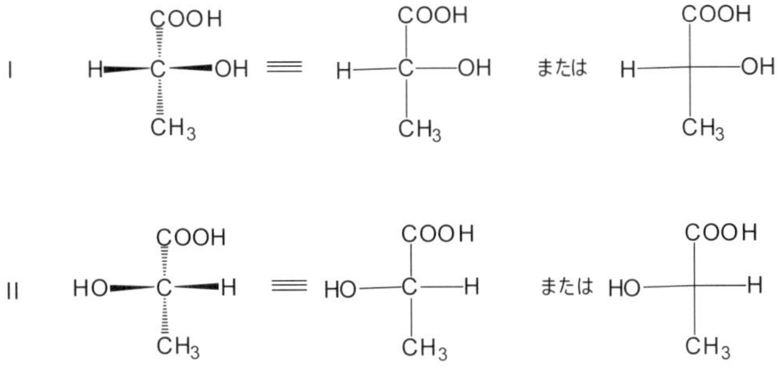

3.2 立体異性体

図 3.2 乳酸の鏡像異性体 I と II の Fischer 投影式

偏光面を回転させることはなく，光学的に不活性となる．このような等量混合物をラセミ体または dl 体といい，（±）または dl の記号を化合物の名称の前において表す．ラセミ体のことをラセミ混合物あるいはラセミ化合物ともいう．

鏡像異性体どうしは，比旋光度の符号が異なること以外，物理的性質（融点，沸点，密度など）と化学的性質（一般の試薬に対する反応性，酸としての強さなど）はすべて同じである．しかし，ラセミ体はその成分である（＋）体や（－）体とは融点，溶解度，密度などが異なり，一つの純物質のように固有の性質を示す．

3.2.2 立体配置の表示法

不斉炭素原子をもつ化合物の立体配置を，いちいち立体構造を図示することなく，記号によって表示することができる．次の二つの表示法が用いられる．

a. RS 表示

不斉炭素原子に結合する四つの基（原子または原子団）に，以下に示す順位規則に従って①②③④の番号をつける．図3.3のように最下位の基④を最も遠くにみたとき，手前に出た残りの三つの基の①→②→③の並び方が右まわり（時計方向）のとき R 配置，左まわりのとき S 配置とする．

順位規則の要点は次のようにまとめられる．

(1) 不斉炭素原子と直接に結合している原子を比べて，それらの原子番号が大きい順に順位を

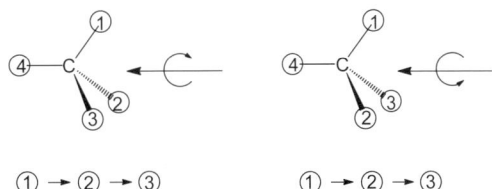

図 3.3 立体配座の RS 表示

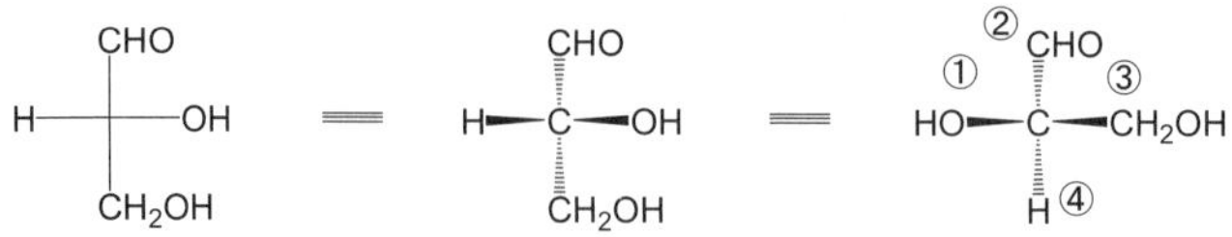

図 3.4 (R)-グリセルアルデヒドの Fischer 投影式およびそれと同じ立体配置を示す投影式

(2) 直接に結合している原子が同じ場合は，次の原子，すなわち不斉炭素原子から数えて 2 番目の原子どうしを比較し原子番号の大きい方を高順位にする．それでも決まらないときは，3 番目，4 番目以降で比較し順位をつける．

(3) 二重結合や三重結合がある場合は，それぞれ 2 個あるいは 3 個の同一原子が結合の数だけついているものとみなして，順位規則を適用する．たとえば，−CHO 基の炭素原子には 2 個の O と 1 個の H が結合しているとみなす．

図 3.4 の Fischer 投影式で表されるグリセルアルデヒドを *RS* 表示で示してみよう．不斉炭素原子に直接結合した原子の原子番号から−OH が①，−H が④という順位はすぐ決まる．−CH₂OH と CHO については，1 番目の C では決まらない．

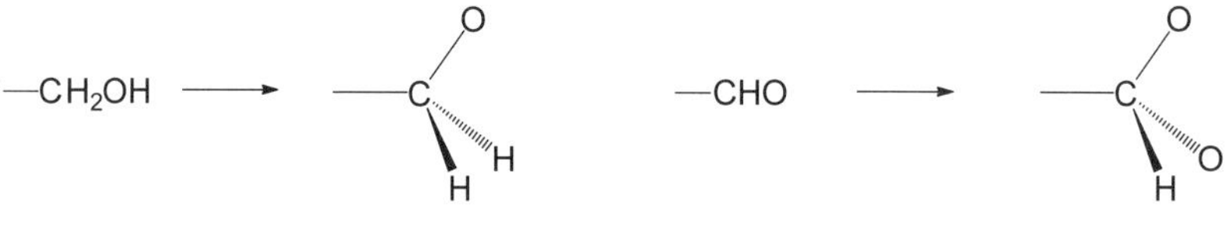

2 番目の原子は−CH₂OH の O, H, H に対し，−CHO は O, O, H であるから，−CHO の方が高順位で②となる．④を一番遠くにみたときの①②③の並び方が右まわりとなるから，(*R*)−グリセルアルデヒドである．

Fischer の投影式において，置換基を偶数回交換することにより④を下に伸びた結合として描くと，①〜③の右まわり，左まわりを容易に判定することができる（図 3.4）．

b. DL 表示

糖やアミノ酸などの立体配置を表すのによく用いられる表示法である．グリセルアルデヒドを Fischer 投影式で表す際に，炭素鎖を上下方向において，順位則に従って，高い方の基（−CHO）を上，低い方の基（−CH₂OH）を下にしたと

き，ヒドロキシ基（-OH）が右に位置するものをD体，左に位置するものをL体と定義する．

この定義に従うと，右旋性の（+）-グリセルアルデヒドの立体配置は図3.5のように表される．これを基準として，不斉炭素原子について同じ立体配置をもつ光学活性化合物にすべてDという記号をつけ，その鏡像体にはLという記号をつける[1]．

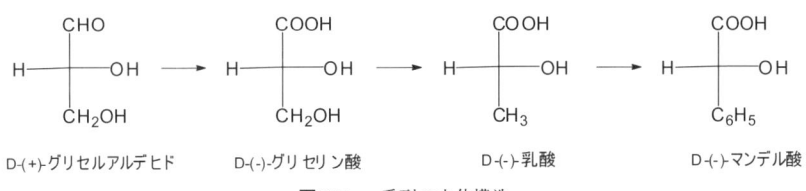

図3.5 D系列の立体構造

図3.5の一連の変換は，どれも不斉炭素原子との結合を切ることなく関係づけられるので，どの化合物も（+）-グリセルアルデヒドの立体配置を保ったD系列の鏡像異性体である．この例からもわかるように，D系列の配置が必ずしも右旋性というわけではない．測定によって求められた旋光度の符号を，不斉炭素原子のまわりの立体配置と直接に関係づけることはできない．

光学活性化合物の絶対立体配置が最初に決められたのは1951年であり，J. M. Bijvoetが酒石酸カリウムルビジウム塩についてX線回折法により決定した．それ以前から知られていた立体配置は，図3.5に示されるような相対的な立体配置である．アミノ酸の場合は，カルボキシル基（-COOH）を上，アルキル基を下においたときのアミノ基（-NH$_2$）の位置によって定義され，(-)-セリンをL配置として相対立体配置が決められる．タンパク質を構成する天然アミノ酸は，ほぼすべてL系列である．

3.2.3 ジアステレオ異性体

n個の不斉炭素原子をもつ分子には原則として2^n種類の立体異性体が存在する．たとえば，図3.6のFischer投影式に示すように，2個の不斉炭素原子をもつ2,3,4-トリヒドロキシブタナールには，4種類の立体異性体があり，図3.6のI（2R, 3S）とII（2S, 3R），III（2S, 3S）とIV（2R, 3R）はそれぞれ鏡像体の

---

1) D, Lの記号はそれぞれラテン語の右（dextro），左（levo）に由来する．

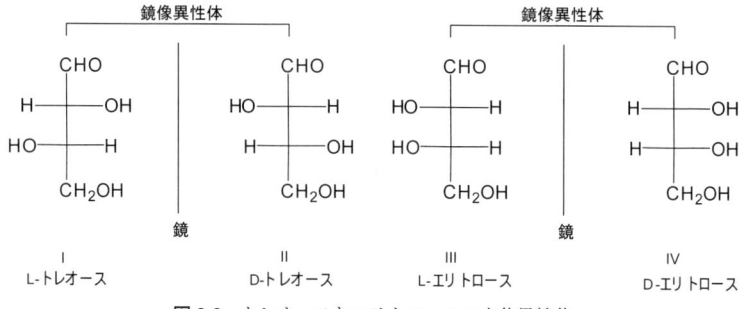

図 3.6　トレオースとエリトロースの立体異性体

関係にある．

しかし，ⅠとⅢ，ⅠとⅣ，あるいはⅡとⅢ，ⅡとⅣは鏡像体の関係にない．このような，互いに鏡像関係にない立体異性体をジアステレオマー（diastereomer）またはジアステレオ異性体（diastereoisomer）という．

酒石酸には不斉炭素原子が2個あるので，4種の立体異性体の存在が予想される．しかし，実際には，立体異性体は3種類しか存在しない（図3.7）．ⅠとⅡは鏡像異性体の関係にある．しかしⅢを180°回転させるとⅣに重ね合わせることができるのでⅢとⅣは互いに鏡像異性体ではなく，同一の化合物であることがわかる．

図 3.7 のⅢ（≡ Ⅳ）は光学的に不活性で，旋光性を示さない．このように，不斉炭素原子をもちながら，対応する鏡像異性体が存在しない立体異性体をメソ形（mesoform）という．酒石酸のメソ形Ⅲ（≡ Ⅳ）に対し，光学活性体ⅠとⅡは，ジアステレオマーの関係になる．

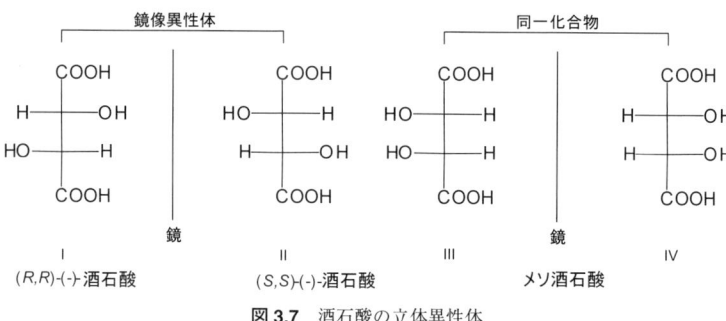

図 3.7　酒石酸の立体異性体

3.2.4 不斉炭素原子をもたない鏡像異性体

不斉炭素原子をもたないのに，鏡像と重ね合わせることができない構造の化合物が存在する．たとえばプロパジエン $CH_2=C=CH_2$ では，中央の炭素原子は sp 混成で，二つの p 軌道はそれぞれ直交する二つの平面上で両端の sp^2 炭素原子と π 結合をつくる．この化合物を慣用名でアレンという．アレン分子自身は，その鏡像体と重ね合わせることができるので，アキラルである．しかし，アレン分子にメチル置換基をつけたアレン置換体 I は，実体と鏡像を重ね合わせることができず，1 対の鏡像異性体が存在する（図 3.8）．

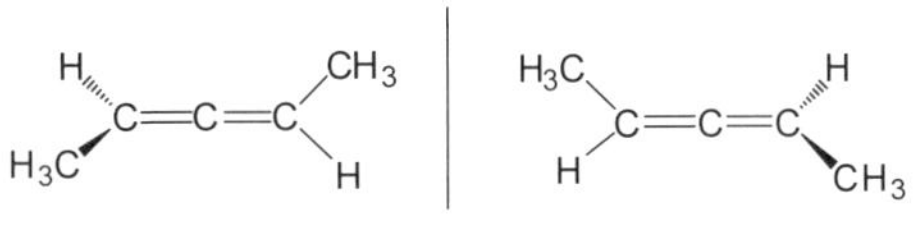

図 3.8 アレン置換体（I）の鏡像異性体

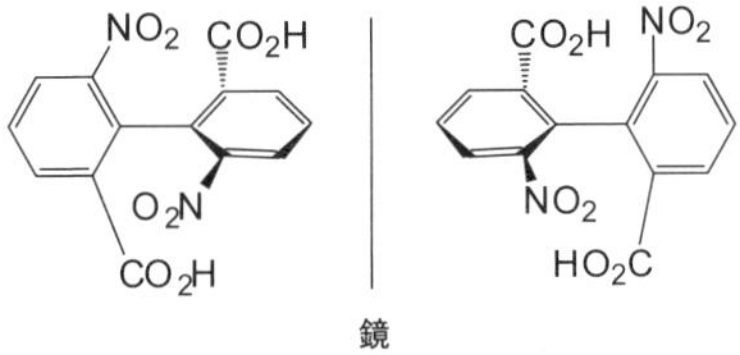

図 3.9 ビフェニル置換体（II）の鏡像異性体

図 3.9 に示すビフェニル置換体 II にも 1 対の鏡像異性体が存在する．鏡像異性体のそれぞれは，オルト位（9.4 節参照）の置換基が立体的に障害となって二つのベンゼン環を結ぶ単結合のまわりの回転が妨げられるため，相互に変換ができない．回転が自由であれば，実体と重なり合う鏡像が必ず存在し，鏡像異性体にはなりえない．

I や II の鏡像異性体のいずれにおいても，不斉炭素原子が存在しないのに分子が全体としてキラルな形をもつ．

3.2.5 シス-トランス異性

2 章で学んだように，エテン分子は一つの σ 結合と π 結合をもっている．エテンにおいて炭素-炭素二重結合を軸とする回転は，sp^2 混成炭素の p 軌道の重なり，すなわち π 結合を断ち切らなければならないので大きなエネルギーを必要

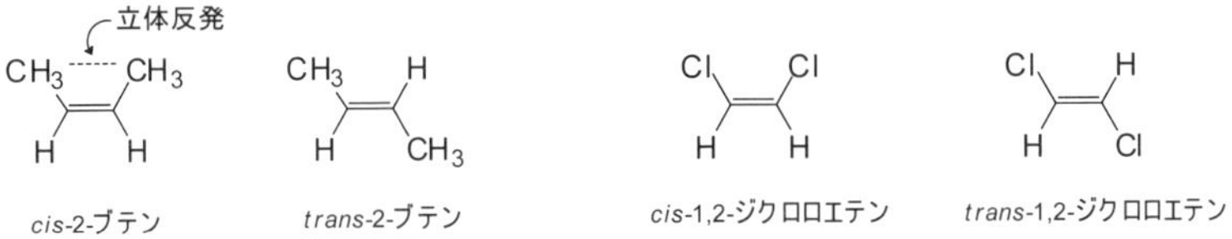

cis-2-ブテン　　trans-2-ブテン　　cis-1,2-ジクロロエテン　　trans-1,2-ジクロロエテン

図 3.10 シス-トランス異性の例

24   3. 有機分子の形と立体化学

図3.11 上段: cis-アゾベンゼン, trans-アゾベンゼン, syn-ベンズアルデヒド-オキシム, anti-ベンズアルデヒド-オキシム

図 3.11 N=N, C=N 二重結合まわりの異性体の例

とする．したがって，二重結合が自由に回転できないために，二重結合のまわりの立体配置が異なる2種類の異性体が存在する．エテンの二つの水素がメチル基で置換された2-ブテンには，メチル基が二重結合の同じ側にあるシス (*cis*) 形と反対側にあるトランス (*trans*) 形が存在する．このような異性体をシス-トランス異性という（図3.10）．*cis*-2-ブテンは *trans*-2-ブテンよりもわずかに不安定であるが，これは二重結合の同じ側に位置するメチル基同士の立体的な反発のためである．このようにシス体とトランス体では，互いに物理的性質や化学的な性質が異なる．一般に，トランス形の方が融点が高く，有機溶媒への溶解度が低いことが多い．2-ブテンのように，XHC＝CHXの型である二置換エテンの場合，置換基Xが立体的にぶつかり合わないトランス形の方が一般に安定である．

　N=N，C=N などの二重結合でも，そのまわりの基の配置の違いによってシス-トランス異性が生じる（図3.11）．

　二重結合のまわりにおける配置の表示法として，*E, Z*表示法がよく用いられている（図3.12）．この表示法では，二重結合に置換している2個の原子または原子団に順位をつけ，上位の基どうしが二重結合の同じ側にある配置を記号*Z*，反対側にある配置を記号*E*で表す．基の順位は不斉炭素原子のまわりの配置について，*RS*表示法で用いる順位則に従って決める．窒素原子では1個の基のみ置換しているが，原子番号ゼロの空原子が置換しているとみなして順位則を適用する．この表示法によると，図3.11の *cis*-および *trans*-アゾベンゼンはそれぞれ (*Z*)-および (*E*)-アゾベンゼンと表示されることになり，syn-および anti ベンズアルデヒド-オキシムはそれぞれ (*Z*)-および (*E*)-ベンズアルデヒド-オキシムと表示される[1]．

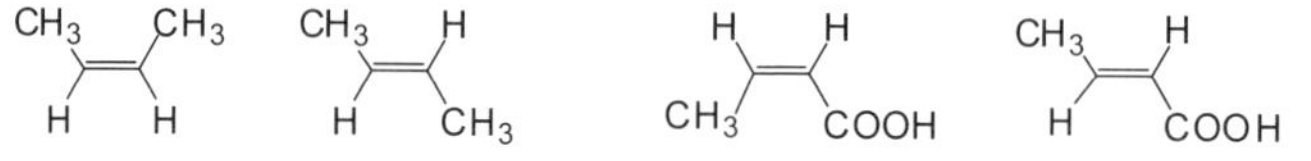

図3.12: (Z)-2-ブテン, (E)-2-ブテン, (Z)-2-メチル-2-ブテン酸, (E)-2-メチル-2-ブテン酸

図 3.12 *E, Z* 表示

---

1) N=N, C=N 二重結合まわりのシス-トランス異性体を *syn*-および *anti*-と表すことがある．

3.3 立体配座

3.3.1 Newman 投影式

エタン CH_3-CH_3 の一方のメチル基を固定し、他方のメチル基がついた炭素を軸として sp^3 炭素–炭素結合を回転させると、二つの炭素原子に結合した、それぞれ 3 個の水素原子が占める相対的な空間位置が変化する。このような単結合のまわりの回転により生じる立体構造を**立体配座**という。

立体配座を表すのに Newman 投影式が用いられる。分子を C–C 結合軸の方向からみて、目に近い方の炭素原子を点で、遠い方の炭素原子を円で表して、それぞれの炭素原子から放射線状に出ている各 3 本の結合を投影する。エタンには無数の立体配座が存在するが、このうち、特徴的な配座を Newman 投影式で図 3.13 に示す。

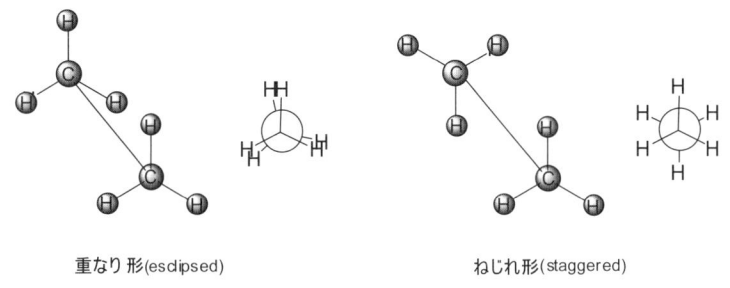

重なり形(eclipsed)　　　　　ねじれ形(staggered)

図 3.13 エタンの立体配座と Newman 投影式

向こう側の水素原子と手前の水素原子との相対的な距離による反発が原因で、異なる配座をもつ分子は、それぞれ異なったエネルギーをもつことになる。エタンの立体配座のうち最もエネルギーが高いのは重なり形配座で、最もエネルギーが低いのはねじれ形配座である。これらの配座の間には、約 13 kJ mol^{-1}（約 3 kcal mol^{-1}）のエネルギー差がある。炭素–炭素結合の回転とエネルギーの関係の様子を図 3.14 に示す。

一方、ブタン $CH_3-CH_2-CH_2-CH_3$ は、三つの C–C 結合の立体配座に応じていろいろな形をとる。中央に位置する C–C 結合のまわりの回転角とエネルギーとの関係は図 3.15 のようになる。重なり形配座について 2 種類、ねじれ形配座について 2 種類が存在する。中央の C–C 結合の間でメチル基どうしが重なり形（ねじれ角 $\theta = 0$）になるときが最もエネルギーの高い状態である。エネルギ

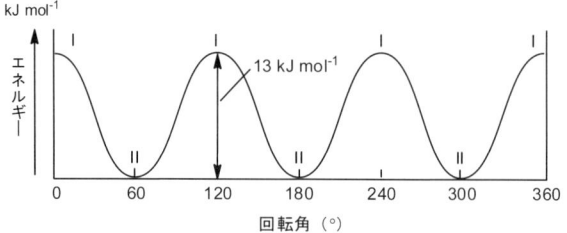

図 3.14 エタンのねじれ角とポテンシャルエネルギーの関係

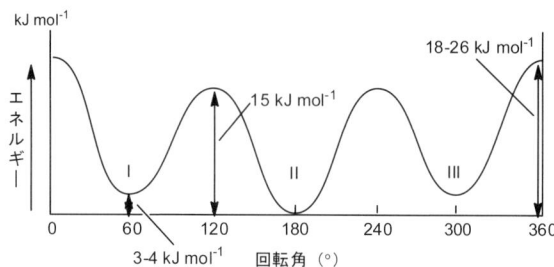

図 3.15 ブタン分子の中央の C–C 結合のねじれ角とポテンシャルエネルギーの関係（I,III: ゴーシュ形，II: アンチ形）

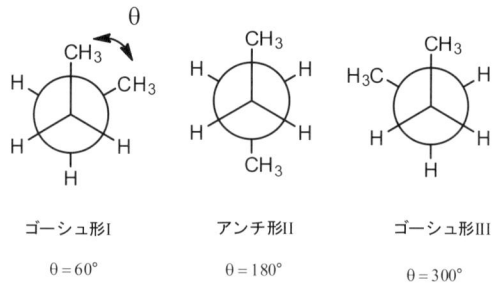

図 3.16 ブタンのねじれ形配座

ーが極小になるねじれ形配座には，ブタンの場合，アンチ形とゴーシュ形がある（図 3.16）．このうち，メチル基どうしが遠く離れたアンチ形 II の方がより安定な配座である．

アンチ形 II とゴーシュ形 I との間では，エネルギー障壁が低いので，二つの立体配座は単結合のまわりの回転により容易に相互変換する．したがって，ある立体配座に固定されたブタン分子を単離することはできない．単離は不可能であるが，図 3.15 のポテンシャルエネルギーが極小にある配座の分子を互いに回転

異性体，または配座異性体という．

3.3.2 シクロヘキサンの立体構造

sp³ 混成の炭素原子が環状につながっている環状アルカンにおいては，環の大きさによっては 109.5° の結合角がひずんだりして，とりうる立体配座が制限される．シクロプロパン C_3H_6 がひずみの最も大きくなる例である．一方，シクロヘキサン C_6H_{12} の炭素は 109.5° の正常な結合角を保ったままで，ひずみのない 2 通りの環状構造をとることができる．一つはいす形，もう一方は舟形とよばれる（図 3.17）．

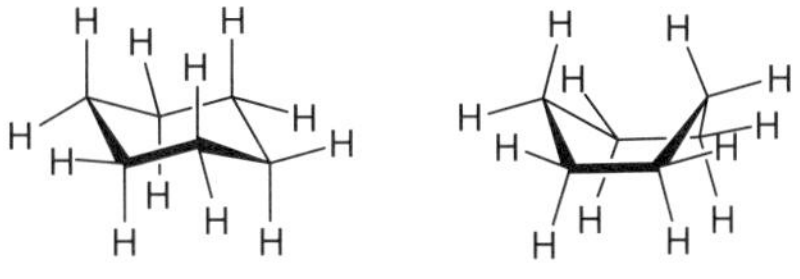

いす形(chair form)　　舟形(boat form)

図 3.17 シクロヘキサンの立体配座

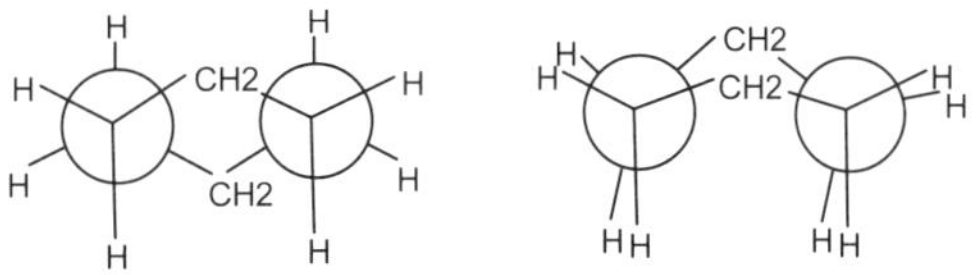

いす形　　舟形

図 3.18 シクロヘキサンのいす形と舟形の Newman 投影式

この二つについて Newman 投影式をみてみると（図 3.18），いす形ではすべての C–C–C 角は 111.5° で四面体角に近く，また 6 個の C–C 結合がすべてゴーシュ形配座であるのに対し，舟形では 2 個の C–C 結合のところで重なり形配座が存在する．

このため，舟形はいす形に比べて不安定である．個々の分子は舟形を中間体として，もう一方のいす形との間で速やかに変換し合っており（図 3.19），一定の配座に固定されているわけではない．

いす形や舟形のシクロヘキサンを別々に取り出すことはできない．これはシクロヘキサン環の反転が起こるからである．反転に要するエネルギーは約 45 kJ mol⁻¹ と求められており，室温でも容易に起こる．

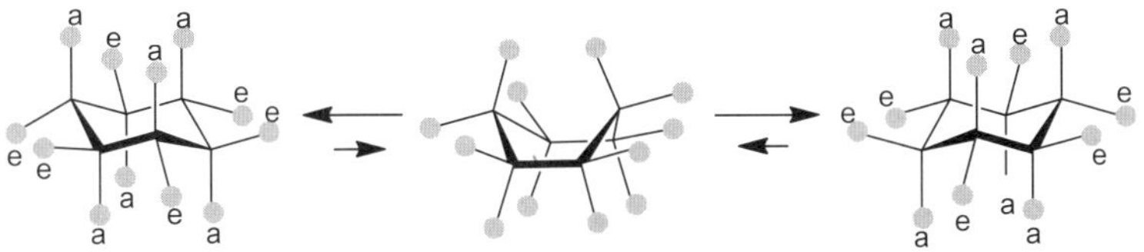

図 3.19 シクロヘキサンの環の反転

シクロヘキサンには 12 個の C−H 結合が存在する．いす形では，そのうちの 6 本は環がつくる平均的な分子平面に垂直であり，交互に環の上下に向いている（図 3.20）．これらの結合をアキシアル結合という．残りの 6 本の C−H 結合は，平均的な分子平面にほ

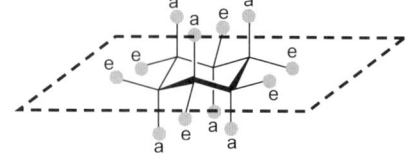

図 3.20　シクロヘキサンのアキシアル結合（a）とエクアトリアル結合（e）

ぼ平行に向いている．これらをエクアトリアル結合という．シクロヘキサン環の反転によって，アキシアル結合はエクアトリアル結合に，エクアトリアル結合はアキシアル結合にそれぞれ変化する（図 3.19）．

シクロヘキサン環に置換基が一つ導入されると，その置換基は環の反転によりアキシアル結合にもエクアトリアル結合にもなる．しかし，アキシアル配座は立体的に込み合うためにエクアトリアル配座に比べて不安定である．図 3.21 に示されるようなアキシアル置換基による効果を，相互作用する基との位置関係から，1,3-ジアキシアル相互作用という．

たとえば，メチルシクロヘキサンの場合，メチル基がエクアトリアル配座の方がアキシアル配座に比べて 7.3 kJ mol^{-1} だけ安定であり，室温では 95% がエクアトリアル結合によるいす形で存在する．メチル基よりも立体的に大きな置換基である t-ブチル基（5.2 節参照）がつくと，アキシアル結合がますます不利になり，t-ブチル基がエクアトリアル結合になる立体配座に固定されるようになる．

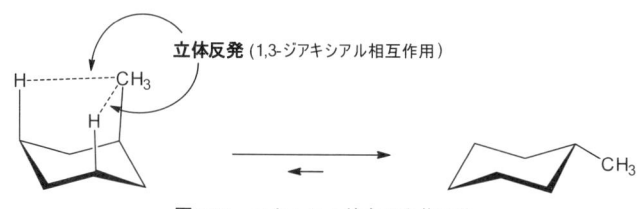

図 3.21　アキシアル結合の立体反発

3.4　環状化合物の立体異性

1,2-ジクロロシクロプロパンには，二つの塩素原子の相対的な配置の違いにより，二つの立体異性体が存在する（図 3.22）．この場合も sp^2 炭素を介した異性体と同様，二つの基が環に対して同じ側にある配置をシス形，反対側にあるもの

3.4 環状化合物の立体異性

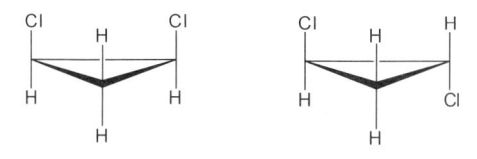

cis-1,2-ジクロロシクロプロパン　　*trans*-1,2-ジクロロシクロプロパン

図 3.22 環状化合物のシス-トランス立体異性体

をトランス形という．

　シクロヘキサンのように平面構造をとらない環でも，シス-トランス立体異性体が生じる（図3.23）．それぞれの置換基によって，エクアトリアル⇌アキシアルという立体配座の変化をしている．しかし，相対的な上下関係は環の反転が起こっても変わらないので，立体配置についてはシクロヘキサン環を平面構造と仮定して考えることができる．

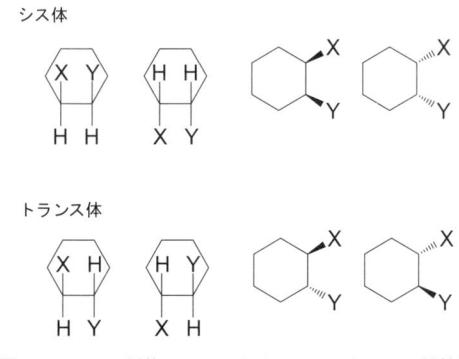

　このことから，1,2-二置換シクロヘキサンのシス-トランス異性体は次のように表される（図3.23）．実線は環の上下に出た結合を，破線は環平面と同じ方向に伸びた結合を表している．

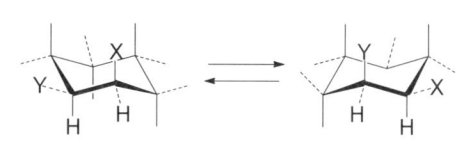

図 3.23 シス形の 1,2-二置換シクロヘキサンの反転

　このようにシクロアルカンの場合，置換基の位置が異なる場合でも，置換基がもっと多い場合でも，立体異性体の数や性質は環が平面であると仮定して得られるシス-トランスの関係は変わらない（図3.24）．

シス体

トランス体

図 3.24 1,2-二置換シクロヘキサンのシストランス異性体

まとめ

① 異性体は同じ分子式をもつ，互いに異なる化合物である．鏡像の関係にある立体異性体をエナンチオマーとよび，ジアステレオマーは互いに鏡像の関係にない立体異性体である．
② 一対のエナンチオマーの1:1の混合物はラセミ体という．
③ 複数のキラル中心をもつが，対称面をもち，分子の半分が残り半分と鏡像の関係にあるような化合物は光学不活性で，メソ体と呼ばれる．
④ 順位則における優先順位が高いものから低いものへ，右回りの配置のものが R 体，左回りの配置のものが S 体である．
⑤ Fischer 投影式では，上下方向の実線が紙面よりも奥へ向かう結合を示し，水平方向の実線が紙面よりも手前へ向かう結合を示す．

問題

[1] C_4H_8O の分子式をもつ安定な異性体（光学異性体も含む）のすべての構造を書け．

[2] 次の化合物の不斉炭素原子に＊印をつけよ．

a) シクロヘキシル—CH(OH)COOH   b) シクロヘキセニル—CH(OH)COOH   c) (Br, ジメチルシクロヘキシル)—CH(OH)COOH

[3] 次の各組の置換基を優先順位が高い順に並べよ．

a) —Cl, —CHCl₂, —CH₂Br, —Br
b) —CH₂CH₃, —CH=CH₂, —C≡CH, —C₆H₅
c) —CH₂OH, —CH₂NH₂, —CHO, —CO₂H

[4] 次の化合物のキラル中心の立体配座を RS 表示法により示せ．

a) OH, H, CH₂CH₃, CH₂Cl   b) H, CH=CH₂, CH(CH₃)₂   c) OH, シクロヘキセニル, CH₃   d) HO, CF₃, C₆H₅, CO₂H

[5]　次の化合物を Fischer 投影式を用いて書き直し，キラル中心の立体配座を *RS* 表示法により示せ．

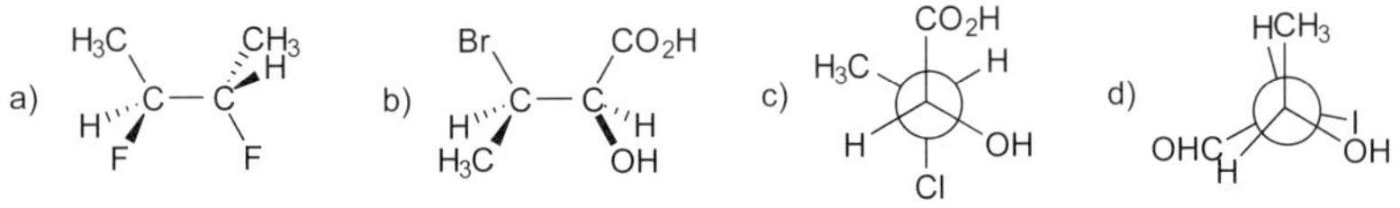

[6]　*cis*−1,2−ジクロロシクロヘキサンには鏡像異性体が存在しない．この理由を説明せよ．

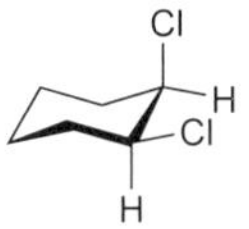

cis-1,2-ジクロロシクロヘキサン

4

分子の中の電子のかたよりと非局在化

　有機化合物の性質や反応性を支配する最も重要な因子は，分子の中で起こる電子のかたよりである．炭素と他の種類の原子との間につくられる共有結合では，電子の分布にかたよりが生じる．一方，単結合と二重結合が交互に並んだ分子では，π 結合を形成する電子は 1ヶ所に固定化されずに移動する．本章では，共有結合をつくる電子が，一方の原子に引き寄せられたり移動したりするときに，分子の性質にどのような影響を与えるかについて学ぶ．

4.1 結合の分極

　水素分子（H_2）や塩素分子（Cl_2）のように同じ原子からつくられる共有結合では，結合のちょうど中間に電子密度の高い部分がある．一方，塩化ナトリウム（NaCl）では，ナトリウムから塩素に電子が一つ移動して Na^+ と Cl^- イオンができ，静電的な引力によるイオン性の結合をつくる[1]．このように異なる原子どうしで形成される結合では，それぞれの原子の**電気陰性度**の違いから電子の分布にかたよりが生じる．有機化合物中の共有結合においても同様の現象が起こる．すなわち炭素－炭素間の結合では電子の分布に大きなかたよりは生じないが，炭素と他の種類の原子との共有結合では，電気陰性度がより大きい原子に電子が引き寄せられる．結合電子対が引き寄せられた原子では電子密度が高くなり部分的に負電荷を帯び，他方電子密度が低くなった原子は陽電荷を帯びる（図4.1）．これ

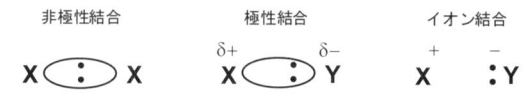

非極性結合　　　極性結合　　　イオン結合
　　　　　　　　$\delta+$　$\delta-$　　　　$+$　$-$
X :̈ X　　　　X :̈ Y　　　X　:Y

図 4.1 共有結合からイオン結合への変化
極性結合は非極性結合とイオン結合の中間的な性質をもつ．

---

[1] イオン結合は陽イオンと陰イオンが静電的に引き合って生成する結合のことである．実際には純粋なイオン結合といえるものはそれほど多くなく，共有結合との境界も明確ではない．Na^+Cl^- 結合でもイオン性は 100% ではない．

4.1 結合の分極

を結合の分極 (polarization) といい，分極した結合は極性 (polarity) をもつ．分極した結合を**極性結合** (polar bond) という．ここで $\delta+$ と $\delta-$ という表記は，電荷が部分的に移動した状態を意味する．

電気陰性度 (electronegativity) は，希ガスを除き周期表でより右方向および上方向に位置する原子ほど大きく，より左方向および下方向に位置する原子ほど小さい．このような傾向から電気陰性度の大きさの順序を予想することができる．Pauling の電気陰性度（表 4.1）では炭素の値は 2.55 であり，周期表で炭素より左側にある水素の値 (2.20) は炭素より小さい．しかし，その差は小さいので，C−H 共有結合での電子のかたよりも小さい．水素以外についてもみてみると，周期表で炭素の右側にある窒素 (3.04)，酸素 (3.44)，塩素 (3.16) などの原子は，炭素より電気陰性度が大きい．多くの官能基 (functional group) で，炭素は周期表で炭素より右側にあるこれらの原子と結合しているため，結合電子対は相手の原子側にかたよる．これに対し，**有機金属化合物** (organometallic compound) では，炭素はリチウム (0.98) やマグネシウム (1.31) のような金属原子と結合している．この場合，炭素の方がより大きな電気陰性度をもっているため，炭素の方に結合電子対がかたよっている．このように有機金属化合物は，通常の有機化合物と電子のかたより方が逆になっており，そのため特徴的な反応性を示す (8.2e 節)．

電気陰性度の差が大きい原子間の結合は，分極が大きく極性が強い．分極が起こると，同じ電荷量をもつ正 ($\delta+$) と負 ($\delta-$) の一対の組ができ，**電気双極子**が生じる．双極子の向きは，正から負の方向に向けて矢の尾の方に縦線を加え

表 4.1 おもな元素の Pauling の電気陰性度

H						
2.20						
Li	Be	B	C	N	O	F
0.98	1.57	2.04	2.55	3.04	3.44	3.98
Na	Mg	Al	Si	P	S	Cl
0.93	1.31	1.61	1.90	2.19	2.58	3.16
K						Br
0.82						2.96
						I
						2.66

た矢印を使って表現する（右図）．

分極の大きさは，結合の双極子モーメント（μ）[1]を用いて比較できる．原子間距離 l を隔てて一方の原子に $+q$，他方の原子に $-q$ の電荷の分離が生じる結合は，

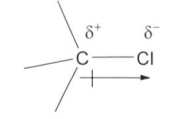

$$\mu = q \times l$$

の双極子モーメントをもつ．おもな共有結合のおおよその双極子モーメントの値を表4.2に示す．

表4.2 おもな共有結合のおおよその双極子モーメント μ（D）

O–H	1.5		C–O	0.7
N–H	1.3		C–N	0.2
C–Cl	1.5		C=O	2.3
C–Br	1.4		C=N	0.9
C–I	1.2		C≡N	3.5

　ヒドロキシ基（–OH）とアミノ基（–NH$_2$）を比べると，O の方が N より電気陰性度が高いので，$O^{\delta-}-H^{\delta+}$ という分極は $N^{\delta-}-H^{\delta+}$ より大きくなる．その結果 O–H 結合の方が，N–H 結合より双極子モーメントがやや大きくなる．

　ハロゲンと炭素との C–X 結合では，$C^{\delta+}-X^{\delta-}$ のような分極が起こり，ハロゲン原子が大きくなるほど電気陰性度が小さくなるので，この順で双極子モーメントも小さくなっていく．

　σ 結合と π 結合を比べると π 結合の方が分極しやすい．カルボニル基（>C=O）の C と O は sp^2 混成で σ 結合1本と π 結合1本で結合しており，分極しやすい π 結合をもつため，σ 結合1本の C–O 結合より双極子モーメントは大きくなる．同様にシアノ基（–C≡N）の C と N は sp 混成で σ 結合1本と π 結合2本で結合しており，C–N 結合より大きな双極子モーメントをもつ（図4.2）．

　分子全体の双極子モーメント μ は，各結合の双極子モーメントのベクトル和として表される．そのため，分子が各結合の双極子モーメントを打ち消しあうような対称性をもつ場合，分子全体としての μ は0になる．また C–H 結合の双極子

---

[1] 双極子モーメント（dipole moment）μ は通常 D（Debye）単位で表される．1D は SI 単位で 3.336×10^{-30} C m（coulomb meter）である．C–Cl 結合（178 pm = 1.78 Å）が完全なイオン結合であると仮定すると，双極子モーメントは，電子1個分の電荷と結合距離を掛け合わせて $\mu = (1.60 \times 10^{-19}\text{C}) \times (178 \times 10^{-12}\text{m}) / (3.336 \times 10^{-30}\text{C m}) = 8.54$ D となる．しかし，実際の C–Cl 結合の μ は，その1/5程度の値になる．

図 4.2 C=O と C≡N の分極の模式図

π結合を形成する電子対が，より電気陰性度の高いOやN原子にかたよっている．直感的に理解しやすいように，π結合も電子対の形で表現している．

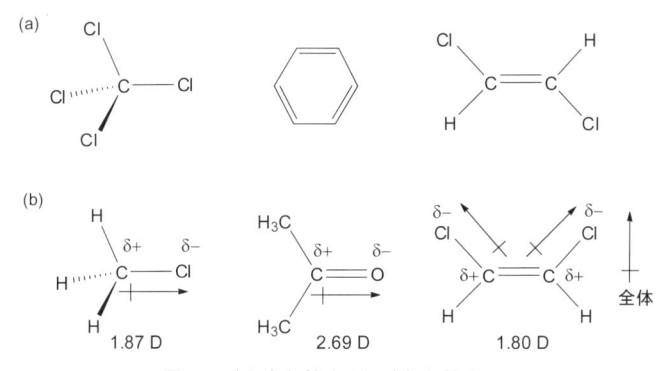

図 4.3 (a) 無極性分子と (b) 極性分子

モーメント（$\mu \sim 0.3$ D）はかなり小さいので，炭化水素分子の双極子モーメントも小さくなる．例えばプロパン（$CH_3CH_2CH_3$）のμは0.085 Dである．このようにμが0または0に近い分子を**無極性分子**（nonpolar molecule）という．一方，分子がCl，O，Nなどの原子を含み，かつ非対称な場合，分子全体でもある程度の双極子モーメントをもつことになる．このような分子を**極性分子**（polar molecule）という．極性分子の双極子モーメントの向きを考えるとき，極性の小さなC－C結合やC－H結合の双極子モーメントは無視しても差し支えない．C－Cl結合や，C=O結合など極性の大きな結合だけに着目し，そのベクトルを合成すれば，双極子モーメントのおおよその向きが推定できる（図4.3）．

4.2 分子間力

有機化合物の沸点や融点，溶解度などの物理的性質は，分子間に働く相互作用，すなわち分子間力と密接な関係にある．中性の分子の間に働く主な分子間力には，**水素結合**（hydrogen bond），**双極子-双極子相互作用**（dipole-dipole interaction）（あるいは単に双極子相互作用ともいう），**van der Waals 力**（より

正確には分散力（dispersion force）あるいは London 力）がある．これらの分子間力は，電気双極子間の静電的な相互作用に基づく引力であり，水素結合 ＞双極子–双極子相互作用＞ van der Waals 力の順に弱くなる．分子間力がより強く働く場合，沸点や融点が高くなる．また，極性の高い溶媒に対する物質の溶解度は，水素結合や双極子–双極子相互作用が強く働く場合に高くなる．以下にそれぞれの特徴について示す．

a. 水素結合

酸素や窒素のような電気陰性度の大きい原子に結合した水素原子は，分極により正電荷をいくらか帯びている．このような水素は，周囲の電気陰性度の高い酸素や窒素原子の非共有電子対と相互作用して弱い結合[1]をつくることができる．このような結合を水素結合という．水（H_2O）が，より分子量の大きい硫化水素（H_2S：沸点 -60.7℃）に比べ，かなり高い沸点（100℃）を示すのは，水素結合が働くためである．また分子量が同じであるアルコールとエーテルの沸点を比べると，水素結合ができるアルコールの方が沸点は高くなる．例えばジエチルエーテル（$CH_3CH_2OCH_2CH_3$）の沸点は 35℃ であるが，ブタノール（$CH_3CH_2CH_2CH_2OH$）は 117℃ になる．

水素結合が一つの分子の中で形成される場合，これを分子内水素結合とよぶ（左図）．

b. 双極子–双極子相互作用

極性分子のもつ双極子モーメントが，分子間で左下図のように $\delta+$ と $\delta-$ が静電的に引き合うような位置関係にある場合，引力が働く（$\delta+$ と $\delta+$ や $\delta-$ と $\delta-$ どうしでは斥力が働く）．このような双極子モーメント間に働く相互作用を双極子–双極子相互作用といい，そこに働く力を双極子–双極子力という．極性分子に無極性分子が近づいた場合でも，極性分子の双極子モーメントに影響を受けて無極性分子にも双極子モーメントが誘起される．この場合は双極子–誘起双極子相互作用に由来する分子間力が働くが，双極子–双極子相互作用よりは弱い．このような極性分子に働く相互作用の強さは，おおよそそれぞれの双極子モーメントの大きさに比例し，分子間距離の3乗に反比例する．

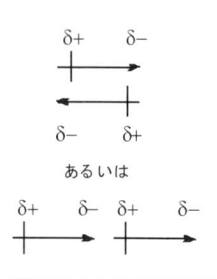

---

[1] 代表的な水素結合である $O-H\cdots O$ の結合エネルギーは $20 \sim 30$ kJ mol^{-1} 程度で，$O-H$ 共有結合の結合エネルギー ~ 440 kJ mol^{-1} と比べてかなり小さい．

c. van der Waals 力

双極子モーメントをもたない O_2 や N_2 のような無極性分子でも，低温では分子間力が働き，液体や固体になる．これは，分子内の電子の運動により，瞬間的に双極子モーメントが誘起され，その局所的な双極子モーメントの間に相互作用が働くためである．このような相互作用を誘起双極子-誘起双極子相互作用という．またその力を分散力あるいは London 力とよぶ．van der Waals 力[1] は，分子間に働く引力をすべてひとまとめにしたものであるが，無極性分子に働く分子間力は，主に分散力だけになり，無極性分子の場合，van der Waals 力は狭義に分散力と同じ意味をもつものとして取り扱われている．分子のあらゆる場所で小さな分極が起こり（右図），分子の各所で発生した $\delta+$ と $\delta-$ は，その場所を絶えず変えながら，分子間で接触できるところで $\delta+$ と $\delta-$ が相互作用し弱く引き合う．この各所で働く弱い静電的な引力は累積されていくので，一般に分子が大きくなるほど，全体として大きな van der Waals 力（分散力）が働く．このような理由から，無極性分子である直鎖アルカンでは，分子長と沸点はよい相関関係を示す（5.1 節）．

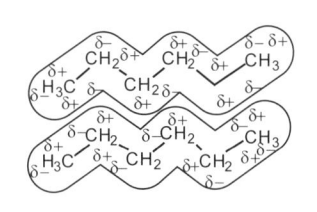

4.3 結合の開裂と電子の流れ

塩化水素を水に溶かすと $H-Cl$ 共有結合が開裂し，H^+ と Cl^- に電離し塩酸になる．このような極性結合のふるまいと同様に，炭素-ハロゲン（C-X）結合などの強い極性結合をもつ分子を極性溶媒に溶かすと，C^+ と X^- のように電離した状態が一時的に発生することがある．C-X 結合では，炭素とハロゲンが電子を 1 個ずつ出しあって共有結合を形成し，$C^{\delta+}-Cl^{\delta-}$ のように分極している．このハロゲン側にかたよった結合電子対が，図 4.1 で示したイオン結合のように完全にハロゲン側に移る場合，2 個の結合電子対のうち炭素由来の電子を 1 個ハロゲンに渡すことになるので，炭素は 1 価の陽イオンとなる．このとき発生する炭素の陽イオン（cation）のことを**カルボカチオン**（carbocation）という．一方，有機金属化合物（4.1 節）では，$C^{\delta-}-M^{\delta+}$ のように分極しており，極性溶

---

[1] van der Waals 力（van der Waals force）は，van der Waals が実在気体の状態方程式として $(p+a/v^2)(v-b) = RT$ という式を提案した際，a という分子間引力（b は分子間反発）に関する経験的な補正項を導入したことに由来する．後に London は，分子間力の詳細な研究から分散力（dispersion force）の存在を示した．

媒中で共有結合が開裂すると，C$^-$とM$^+$のように電離することになる．このような炭素の陰イオン（anion）はカルボアニオン（carboanion）とよばれる．またこのように共有結合がカチオンとアニオンに別れて開裂することをヘテロリシス（heterolysis）という．

有機化学の反応では，ほとんどの場合，電子が対になって移動することにより結合が開裂したり，その逆の電子の流れで結合を形成したりして反応が進行する．このような電子の流れは曲がった矢印を使って表現する．例えば，上記のカルボカチオンおよびカルボアニオンへのヘテロリシスを曲がった矢印を使って書き表すと，次のようになる．

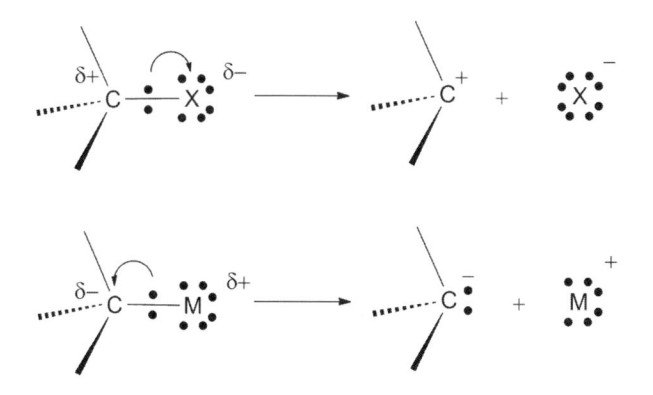

曲がった矢印を使って電子の流れを表す場合，以下の点に注意する．
① 2個の電子が対になって移動していることに留意する．
② 矢印の出発点は電子対（結合電子対か非共有電子対）である．
③ 矢印の行き先は，電子対を受け取る原子か，新たにできる共有結合の中心に向ける．

塩化水素の共有結合が水により開裂し，オキソニウムイオン（H$_3$O$^+$）をつくるときの反応を曲がった矢印を使って書くと次のようになる．

左側の曲がった矢印は，水の酸素原子上の2組の非共有電子対のうちの一方が，塩化水素分子からプロトンを引き抜きにいくという電子の流れを表し，右側の曲がった矢印はH–Cl共有結合のヘテロリシスを表している．

アルカンのC–H結合のように，分極の小さい共有結合は反応性が低く，通常ヘテロリシスは起きない．このような分子の反応では，結合電子対は各原子に1個ずつ再分配され，不対電子をもつ原子や原子団を生成する．このような結合の開裂はホモリシス（homolysis）[1]といい，不対電子をもつ原子や原子団はラジカル（radical）とよばれる．ラジカルは不対電子をもち不安定な状態にあるので，一旦ラジカルが生成すると反応は連鎖的に起こるようになる．このような反応はラジカル反応とよばれる（5.4節）．

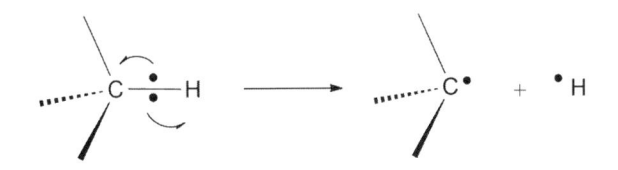

4.4 形式電荷

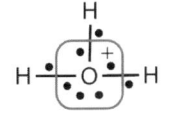

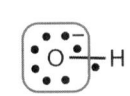

水分子（H_2O）にプロトン（H^+）が結合したオキソニウムイオン（H_3O^+）では，形式的に酸素上に+1価の電荷があると考える（図2.13参照）．H_3O^+では酸素上に1組の非共有電子対と3本のO–H共有結合があり，共有結合の結合電子対のうち1電子は酸素，1電子は水素に帰属させると，酸素の外殻にある8電子のうち酸素は5電子，水素はそれぞれ1電子ずつもっているということになる．その結果，H_3O^+の酸素は，酸素の価電子数の6より形式的に1電子少ない状態ということになり，形式電荷は+1となる．一方，水酸化物イオン（OH^-）の場合，非共有電子対が3組とO–H結合の共有電子対のうちの1電子が酸素上に形式的にあると考えると，酸素は合計7電子もっていることになる．これは酸素の価電子数6より1電子多く，形式電荷が-1となる．

---

[1] ホモリシスのように1個の電子の移動を書き表す場合，矢印の先の形は釣り針形のものを使う．

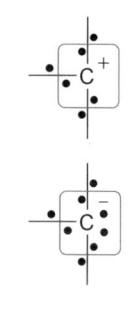

炭素の場合，価電子数は4である．カルボカチオンでは，3本の共有結合の結合電子対のうち，それぞれ1電子ずつ計3電子が中心の炭素に帰属されると考え，価電子数より1電子少ない状態で形式電荷は+1となる．一方カルボアニオンでは，3本の共有結合と1組の非共有電子対があり，中心の炭素には5電子あると考えて，価電子数より1電子多い状態で形式電荷は-1となる．

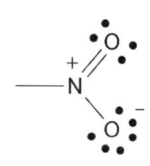

このような形式電荷の考え方は，異常な結合様式をもつ官能基の結合の様子を書き表す場合にも役に立つ．たとえば，ニトロ基（-NO$_2$）は，窒素原子の通常の共有結合の本数3本と，酸素原子の本数2本を使った形で書き表すことはできない．ニトロ基の窒素が4本の結合をもって（アンモニウムイオンと同様に）形式電荷を+1とし，2個ある酸素のうち1個は結合が1本で形式電荷を-1として書き表すと異常は結合様式には含まれない．

4.5 誘起効果と共鳴効果

有機化合物の性質や反応性に影響を与える置換基の効果を考える場合，誘起効果と共鳴効果の二つが重要である．本節では，まずはじめに誘起効果について概略を示し，続いて共鳴効果について説明する．

これまで見てきたように，電気陰性度の違う原子どうしの結合では，結合電子対にかたよりが生じる．**誘起効果**（inductive effect）は，「σ結合を介した電子のかたより」を引き起こす置換基の効果のことであり，置換基が電子を引き寄せる場合を**電子求引性**（electron withdrawing），逆に置換基が電子を押し出す場合を**電子供与性**（electron donating）の誘起効果という．フッ素は電気陰性度が最も高い元素であり，強い電子求引性の誘起効果を示す．フッ素が直接ついた炭素が最も強い影響を受けることになるが，この$C^{\delta+}-F^{\delta-}$の分極の影響により，さらにその隣りの炭素にも影響がおよぶ．たとえば，1-フルオロプロパン（$CH_3-CH_2-CH_2-F$）では，Fの電子求引性によりC①は正の電荷をもつことになるが，その結果，同種の原子であるC①とC②の間にもわずかに電荷のかたよりが生まれる．さらにC②とC③間にも同様に電子分布にかたよりが生じ，フッ素による電子分布のかたよりは，σ結合を介して伝達されていく．しかしながら，そのかたよりの程度は結合を介するごとに著しく減少していく（次図）．

多くの官能基では，炭素より周期表で右側にある電気陰性度の高い窒素や酸素，ハロゲン原子が炭素と結合することになり，これらはすべて電子求引性の誘

4.5 誘起効果と共鳴効果

$$\overset{\delta\delta\delta+}{CH_3} \longrightarrow \overset{\delta\delta+}{CH_2} \longrightarrow \overset{\delta+}{CH_2} \longrightarrow \overset{\delta-}{F}$$
$$\text{③} \qquad\quad \text{②} \qquad\quad \text{①}$$

起効果を示す．これに対し，水素は電気陰性度が炭素よりわずかに小さく，水素からの弱い電子の押し出しが累積されてメチル基（CH_3-）などのアルキル基は，弱い電子供与性の誘起効果を示す．

このような電子求引性および供与性の誘起効果は，カチオンやアニオンの安定性に影響をおよぼす．たとえば，酢酸（CH_3COOH）は弱酸であるが，メチル基にフッ素が3個置換したトリフルオロ酢酸（CF_3COOH）は強酸になる．この現象は，共役塩基であるアニオン（$RCOO^-$）の負電荷の一部が電子求引性のフッ素に引き寄せられることにより，$RCOO^-$ が相対的に安定化し，プロトンが外れやすくなるために起こる．一方，クロロメタン（CH_3-Cl）を単に極性溶媒に溶かしても4.3節で示したようなカルボカチオンの発生は起きないが，これはカルボカチオンが相当に不安定であるため，非常に発生しにくいということを意味している．これに対し，t-ブチルクロリド[1]（$(CH_3)_3C-Cl$）では，3個のメチル基の電子供与性の効果が累積され，カルボカチオンの陽電荷がいくらか中和されてカルボカチオンが相対的に安定化を受け，極性溶媒中でヘテロリシスが起こるようになる．

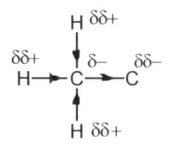

続いて共鳴効果（resonance effect）について説明する．たとえば酢酸アニオンの構造式を書く場合，酢酸の元の構造式からプロトンを外して，一つの酸素は $C=O$ のように炭素と二重結合で結合し，もう一つの酸素のみが $C-O^-$ のように

---

[1] 炭素が三つに枝分かれした状態の第3級（tertiary）のブチル基のことを t-ブチル基（あるいは $tert$-ブチル基と表記する）といい，右のような構造になる（5.2節）．

負電荷をもつような構造式を通常書く．しかし，実際にはこれら二つの酸素は区別できず，負電荷は両方の酸素に均等に分布している．このことを書き表すため，下のような曲がった矢印で表される電子の流れを考えると，上下が逆転した構造が書ける．

$$\left[CH_3-C\begin{array}{c}O\\O^-\end{array} \longleftrightarrow CH_3-C\begin{array}{c}O^-\\O\end{array} \right]$$

これら二つの構造は，それぞれ酢酸アニオンの**共鳴構造**といい，負電荷はπ結合を介して**非局在化**（delocalization）しているという．酢酸アニオンは，この二つの構造式を足して2で割ったような状態になっている．このような状態を**共鳴混成体**（resonance hybrid）という．共鳴構造の間は両頭の矢印（↔）を用い，平衡状態を表す右向きと左向きの矢印を組み合わせたもの（⇄）とは明確に区別しなければならない．

このような共鳴構造は，中性分子の分極構造を予想する場合にも役に立つ．特に二重結合と単結合が交互に組み合わさった分子（π共役系）では，π結合を介して，分極が遠くにまで伝達される．たとえば，アクリルアルデヒド（$CH_2=CH-CHO$）の場合，カルボニルの分極構造（4.1節）だけを考えると，酸素が負電荷を帯びC①が正電荷を帯びた構造式Ⅰのような状態となる．この状態の共鳴構造を書き表すと，左の構造式のC=O二重結合のうちπ結合を形成する電子対を酸素に渡すという曲がった矢印を書いて共鳴構造Ⅱのようになる．しかし実際には隣接するπ電子がさらに右に移動し，構造式Ⅲのような共鳴構造も

4.5 誘起効果と共鳴効果

書くことができる．この共鳴構造 III では II と同様に，C②は結合を 4 本もち形式電荷は 0 のままであるが，C③は 3 本になり，共鳴構造 II で C①にあった +1 の形式電荷はこの結合電子対の移動で C③に移る．このような「π 結合を介した π 共役系の分極」を共鳴効果という．カルボニル基は，π 共役系の中では共鳴効果により電子求引性を示し，共鳴混成体から推定できるように，相対的に正電荷密度の高い炭素は，C①と C③のように一つおきに分布している．

中性の置換基における誘起効果の場合，原子の電気陰性度を考えるだけで電子求引性か供与性かが判断できた．一方，共鳴効果の場合は，同種の原子でも結合の様式が問題になる．先に例を挙げたカルボニル基では，酸素原子の電気陰性度から判断できる電子求引性が共鳴効果においてもあてはまることを示した．これに対し，π 共役系に直接酸素原子や窒素原子がついた化合物では，酸素や窒素の非共有電子対が π 共役系の方に押し出されて，電気陰性度からの予測とは逆の電子供与性の共鳴効果を示す．この現象についてメチルビニルエーテル（$CH_2=CH-OCH_3$）を例に説明する．まず，酸素上の非共有電子対が隣接する sp^2 炭素との間に二重結合をつくるような電子の移動を起こす．この時，構造式 III のような共鳴構造は，C①が 5 本の結合をもつことになるので書いてはいけない構造式である．酸素からの非共有電子対の押し出しにより，C=O 二重結合を形成する際，C①と C②間の π 結合を形成していた電子対がさらに外側に押し出されて，C②の非共有電子対になる．このような一連の電子の流れで，酸素の非共有電子対を結合電子対に変えると考えるので，形式電荷は（4.4 節のオキソニウムイオンと同様に）+1 となり，C②の炭素は（4.4 節のカルボアニオンと同様に）−1 となる．

このような酸素や窒素による π 共役系への電子供与性の共鳴効果は，電気陰性度から予測される電子求引性の誘起効果より大きく，その結果，π 共役系に酸素や窒素原子が直結した場合，これらの原子は電子供与性を示す．

4.6 共鳴安定化と芳香族性

酢酸とエタノールは，両方とも極性の高いO−H結合をもつ化合物であるが，酢酸はプロトンを放出しやすく弱酸性を示すのに対し，エタノールはプロトンを放出しにくく中性である．この違いは，4.5節で示したように，共役塩基である酢酸アニオンの負電荷が非局在化しているために起こる．プロトンが外れて生成する酢酸アニオンでは，共鳴により負電荷が二つの酸素原子に分散し，エネルギー的に安定化しており，水に溶かすだけでも一部の酢酸のO−H結合が開裂する．一方，エタノールからプロトンを外して生成させるエトキシドイオンでは，負電荷を主に担う酸素原子が一つしかなく不安定であり，エタノールを水に溶かしてもO−H結合は開裂しない．

炭酸イオンCO_3^{2-}も酢酸アニオンと類似の共鳴構造をもち，炭素−酸素結合はすべて等価で同じ結合距離（1.28 Å）になる．この結合長は，C−O単結合（1.43 Å）とC=O二重結合（1.21 Å）の中間の長さであり，このことは，CO_3^{2-}が次の三つの共鳴構造の混成体であることの一つの表れである．

1,3-ブタジエンの中央のC−C結合は1.47 Åで両端のC=C二重結合は1.37 Åであり，それぞれエタンの単結合の長さ1.54 Åより短く，エテンの二重結合の長さ1.34 Åより長くなっている．このことは，1,3-ブタジエンにおいても通常書く構造式IIに加えて，4.5節のアクリルアルデヒドと類似の下のような構造式I, IIIのような共鳴構造が存在し，中央のC−C単結合に多少の二重結合性が混ざった共鳴混成体になっていることを示している．

このような共鳴混成体は，π共役系のπ電子が非局在化していることを表しており，この非局在化により1,3-ブタジエンは安定化している．このとき得られる安定化エネルギーを共鳴エネルギー（resonance energy）といい，1,3-ブタジエンの場合14.6 kJ mol^{-1}である．

ピリジン（14章）などのように，窒素を含むπ共役系でも，窒素と炭素に二重結合（C=N−）を書く場合，カルボニル基と同様，窒素は電子求引性の共鳴効果を示す．

4.6 共鳴安定化と芳香族性

$$\begin{bmatrix} \overset{+}{C}H_2-CH=CH-\overset{..}{\underset{..}{C}}H_2 & \longleftrightarrow & CH_2=CH-CH=CH_2 & \longleftrightarrow & \overset{..}{\underset{..}{C}}H_2-CH=CH-\overset{+}{C}H_2 \\ I & & II & & III \end{bmatrix}$$

同様にベンゼンの構造も，すべての炭素-炭素結合長が 1.40 Å の正六角形を形成し，C-C 単結合 (1.54 Å) と C=C 二重結合 (1.34 Å) の中間の値をとっており，下のような共鳴構造の共鳴混成体になっている．

ベンゼンの 6 個の炭素原子はいずれも sp² 混成で，それぞれ 1 個の水素原子と 2 個の炭素原子との間で σ 結合をつくっている．sp² 混成の通常の結合角は 120° であり，六員環のひずみはなく平面構造になる．各炭素原子上の混成に加わらない 2p 軌道は分子平面に垂直に立ち，それぞれ両隣の炭素原子の 2p 軌道とまったく同等な重なり方をし，ドーナツ状の分子軌道が形成される．このような共鳴混成体を表す方法として六角形の中に○を書く表記法もあるが，ベンゼンの反応の機構（9 章）を考える場合，二重結合と単結合を区別して書く方が便利である．

ベンゼンの共鳴エネルギーは，直鎖状の π 共役系の共鳴エネルギーに比べて著しく大きい．その特別な安定化エネルギーのおおよその値は，次のようにして実験的に見積もることができる（図 4.4）．六員環に二重結合を一つもつシクロヘキセンと形式的に三つもつベンゼンを完全に水素化すると，両方ともより安定なシクロヘキサンになる．シクロヘキセンの水素化反応の発熱量は 119.6 kJ mol⁻¹ で

ある.仮にベンゼンが特別な安定化エネルギーをもたないとすると,仮想のシクロヘキサトリエンの水素化反応の発熱量はシクロヘキセンの3倍（$3 \times 119.6 = 358.8$ kJ mol^{-1}）になると考えられるが,実際のベンゼンの水素化の発熱量は208.4 kJ mol^{-1} しかない.この差150.4 kJ mol^{-1} が,ベンゼンのもつ特別な安定化エネルギーであり,このような現象はベンゼンがもつ**芳香族性**（9章）[1] のため起こる.

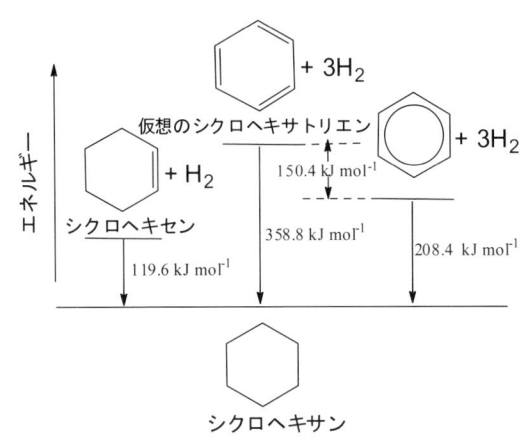

図4.4 水素化熱によるベンゼンの共鳴エネルギーの見積もり

まとめ

① 異種2原子間の共有結合には,**電気陰性度**の違いから**分極**が起こる.電気陰性度の差が大きいほど分極も大きく,**双極子モーメント**も大きくなる.

② σ結合よりπ結合の方が分極しやすい.そのためカルボニル基やシアノ基は大きな結合双極子モーメントをもつ.

③ 双極子モーメントが0に近い分子を**無極性分子**といい,極性結合が双極子モーメントを打ち消し合わない非対称な形に配置された分子を**極性分子**という.

④ －OHや＞NHの水素は,周囲にある酸素や窒素の非共有電子対と水素結合を形成する.

⑤ 極性分子は,**双極子-双極子相互作用**により静電的に引き合う.

---

[1] 芳香族性（aromaticity）は,$(4n+2)$ 個のπ電子をもつ環状π共役系において発現する.この $(4n+2)$ π電子系が示す芳香族性は,その特別な安定化エネルギーの存在を理論的に証明した研究者の名にちなんでHückel則という（9.1節）.

⑥ **van der Waals 力**（分散力）はすべての分子に働き，分子間の接触が大きくなるほど強くなる．

⑦ 大部分の有機化学の反応では，電子対の組み換えにより結合の形成と開裂が起こる．このような反応の機構を曲がった矢印を使って表すことができる．

⑧ σ結合を介した電子のかたよりを**誘起効果**という．結合を介するごとに大きく減衰するので，近隣の原子にのみ大きな影響を与える．

⑨ π結合を介した電子のかたよりは**共鳴効果**により発現する．**π共役系**では共鳴効果により比較的離れた原子にまで影響がおよぶ．

⑩ π電子の**非局在化**により，**共鳴安定化**が起こる．ベンゼンのような芳香族化合物では，**芳香族性**による特別な安定化エネルギーが存在する．

問題

[1] 次の化学種を Lewis 構造式（例としてメタン H:C:H の形で）で示せ．

　　a) CO_2　　b) NH_3　　c) OH_3^+　　d) HNO_3

[2] 次の各組の分子では，どちらの極性が高いか．

　　a) 1,4-ジクロロベンゼン と 1,2-ジクロロベンゼン　　b) CO_2 と SO_2　　c) trans-1,2-ジブロモシクロペンタン と cis-1,2-ジブロモシクロペンタン

[3] 次の化合物の共鳴に寄与する極限構造式を書け．

　　a) $CH_2=CH-O-CH=CH_2$　　b) $CH_3-CO-CH=CH-CH=CH_2$　　c) フェニル $-OCH_3$

[4] フェノールは通常のアルコールとは異なり酸性を示す．この事実をフェノールのアニオンの共鳴効果を用いて説明せよ．

[5] アセトアミド CH_3CONH_2 のアミノ基の塩基性は，アンモニアと比べて非常に弱い．このことをアミド部分の共鳴効果を用いて説明せよ．

◆ 5 ◆
アルカンとシクロアルカン

　現代の便利な暮らしを支えるエネルギーの供給源として，天然ガスや石油が大きな割合を占めている．その主成分は，炭素と水素でできた飽和の炭化水素であるアルカンである．また，環状のアルカンであるシクロアルカン構造を含む化合物は天然にも豊富に存在している．アルカンとシクロアルカンは有機化合物の基本骨格であり，すべての化合物命名の基礎となる．これらのアルカン類は，極性がないために反応性は低く，ラジカル反応が主な反応の手段になる．本章ではアルカンとシクロアルカンの性質と命名法およびラジカル反応について学ぶ．

5.1 アルカン

　炭素と水素からなる化合物を**炭化水素**[1]（hydrocarbon）といい，すべての炭素-炭素結合が単結合である炭化水素を飽和炭化水素という．鎖状の飽和炭化水素は**アルカン**（alkane）という．最小のアルカンはメタン（CH_4）であり，2.3節で学んだように炭素は sp^3 混成をとり，正四面体構造で H-C-H の結合角は $109.5°$ になる．メタンから水素を一つはずした CH_3 を向かい合わせて二つつなげるとエタン（CH_3CH_3）の構造になる．両方の炭素とも sp^3 混成をとり，その立体構造はメタンの正四面体構造をつなげあわせたようなものになる．C-C-H 結合角は，メタンの H-C-H の結合角と同じ $109.5°$ になるが C-H 結合より C-C 結合の方が結合長は長い．炭素数が 3 のプロパン（$CH_3CH_2CH_3$）も，エタンの一つの水素をはずし，はずした C-H 結合があった方向に CH_3 を向かい合わせ，正四面体構造をさらに伸ばしたような立体構造になる．

　直鎖アルカンは，一般式 C_nH_{2n+2} で表され，H-$(CH_2)_n$-H という構造で，メチレン基（-CH_2-）の数が違うだけの**同族体**[2]である．同族体の間では，沸点

---
1) ベンゼン環をもたない鎖状の炭化水素のことを，脂肪の構造（15章）に含まれる長い炭素鎖に由来して，脂肪族（aliphatic）とよぶこともある．
2) 官能基が同じであり炭素鎖の長さが異なる化合物を同族体（homolog）という．

5.1 アルカン

109.5°　　　　　109.5°

メタン　　　　　エタン　　　　　プロパン

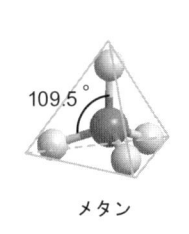

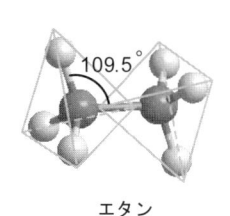

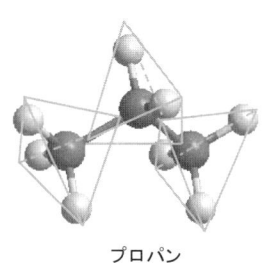

や融点などの物理的性質や反応性のような化学的性質がよく似ている．図5.1に直鎖アルカン[1] の沸点と融点が炭素数 n によってどのように変化するかを示す．n の増加に応じて，van der Waals 力（あるいは分散力，4.2 e 節）がより強く働き，沸点と融点のいずれも増加していくことがわかる．

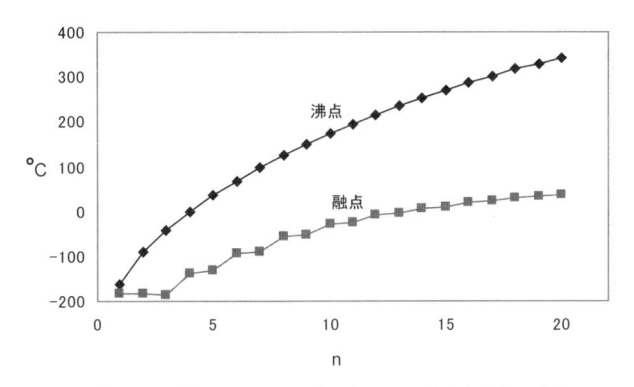

図5.1 直鎖アルカン $H-(CH_2)_n-H$ の沸点と融点の変化

直鎖アルカンの構造異性体である枝分かれしたアルカンの一般式も C_nH_{2n+2} で表される．直鎖アルカンに比べて，枝分かれすることにより，球に近い構造になり，分子間でお互いに近づいて van der Waals 力が働く場所が狭くなる（図5.2）．そのため，同じ炭素数のアルカンでも枝分かれが多くなるほど沸点が低くなる．たとえば，C_5H_{12} の直鎖のペンタン（$CH_3CH_2CH_2CH_2CH_3$）の沸点は 36.1℃ であるが，枝分かれした 2,2-ジメチルプロパン（$(CH_3)_4C$）は 10℃ である．

---

[1] 直鎖アルカン $H-(CH_2)_n-H$ では，室温で1気圧のとき，n が 1 から 4 までが気体，5 から 17 までが液体，18 以上が固体になる．

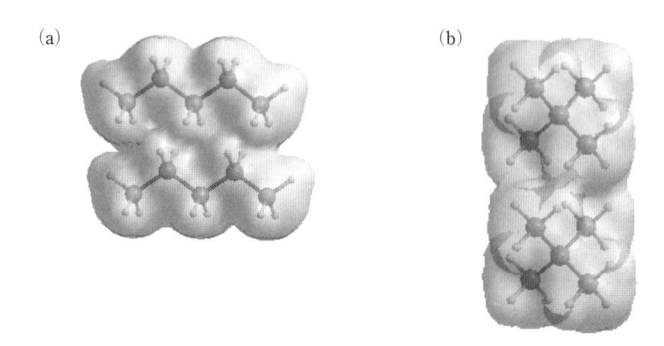

図 5.2 (a) ペンタンと (b) 2,2-ジメチルプロパンの分子間の接触
枝分かれの多い 2,2-ジメチルプロパンは分子間で接触できる面積が狭い.

5.2 アルカンの命名法

アルカンでは，炭素数が3までは構造異性体が存在しない．炭素数が4で異性体の数は2個，5では3個，6では5個と容易に数えきれる範囲内だが，この異性体の数は炭素数が増えるにつれ急激に数を増やし，たとえば炭素数が16で理論上1万個以上の異性体を書くことができる．有機化学が発展を始めた初期の頃は，分子のかたちや，発見者の名前，原料などにちなんださまざまな慣用名がつけられたが，無限の組み合わせが可能である有機化合物のすべてに慣用名をつけて区別するのには無理があり，化合物を系統的に命名する必要がある．そのため，IUPAC[1] による系統的な命名法が国際的に採用されている．

IUPAC 命名法では，アルカンは直鎖の部分と枝分かれ部位を置換基として取り扱い，それらを組み合わせて命名する．表 5.1 に命名の基本となる直鎖アルカン $H-(CH_2)_n-H$ の名称を示す．炭素数が1から4までの名称は特別に定められ，順にメタン，エタン，プロパン，ブタンという．炭素数が5以上では，その数に対応するギリシャ語由来の接頭語に接尾語の -ane をつけて命名される．

アルカンから水素原子を一つはずした炭化水素の置換基をアルキル基といい，アルカンの接尾語の -ane を -yl に置き換えて命名する．炭素数が1の CH_3 基はメチル (methyl) 基，2の CH_3CH_2 基はエチル (ethyl) 基になる．炭素数が3の $CH_3CH_2CH_2$ 基の場合はプロピル (propyl) 基になるが，枝分かれ構造をもつ $(CH_3)_2CH$ 基は枝分かれの意味を表すイソ (iso-) という接頭語をつけたイソプ

---

[1] IUPAC (International Union of Pure and Applied Chemistry 国際純正・応用化学連合) による命名以外に，多くの化合物で慣用名が現在でも併用されている．

5.2 アルカンの命名法

表 5.1 直鎖アルカン H−(CH$_2$)$_n$−H の名称

n	構造式	名称	
1	CH$_4$	methane	メタン
2	CH$_3$CH$_3$	ethane	エタン
3	CH$_3$CH$_2$CH$_3$	propane	プロパン
4	CH$_3$(CH$_2$)$_2$CH$_3$	butane	ブタン
5	CH$_3$(CH$_2$)$_3$CH$_3$	pentane	ペンタン
6	CH$_3$(CH$_2$)$_4$CH$_3$	hexane	ヘキサン
7	CH$_3$(CH$_2$)$_5$CH$_3$	heptane	ヘプタン
8	CH$_3$(CH$_2$)$_6$CH$_3$	octane	オクタン
9	CH$_3$(CH$_2$)$_7$CH$_3$	nonane	ノナン
10	CH$_3$(CH$_2$)$_8$CH$_3$	decane	デカン
11	CH$_3$(CH$_2$)$_9$CH$_3$	undecane	ウンデカン
12	CH$_3$(CH$_2$)$_{10}$CH$_3$	dodecane	ドデカン
13	CH$_3$(CH$_2$)$_{11}$CH$_3$	tridecane	トリデカン
14	CH$_3$(CH$_2$)$_{12}$CH$_3$	tetradecane	テトラデカン
15	CH$_3$(CH$_2$)$_{13}$CH$_3$	pentadecane	ペンタデカン
16	CH$_3$(CH$_2$)$_{14}$CH$_3$	hexadecane	ヘキサデカン
17	CH$_3$(CH$_2$)$_{15}$CH$_3$	heptadecane	ヘプタデカン
18	CH$_3$(CH$_2$)$_{16}$CH$_3$	octadecane	オクタデカン
19	CH$_3$(CH$_2$)$_{17}$CH$_3$	nonadecane	ノナデカン
20	CH$_3$(CH$_2$)$_{18}$CH$_3$	icosane	イコサン

ロピル（isopropyl）基[1]という慣用名がよく使われる．炭素数が4の CH$_3$CH$_2$CH$_2$CH$_2$ 基の場合はブチル（butyl）基になるが，第3級に枝分かれした (CH$_3$)$_3$C 基は，第三級の意味の接頭語ターシャリー（tertiary）をつけた，tert-ブチル基[2]という慣用名がよく使われる．その他，ブチル基では，イソブチル基や第二級の意味の接頭語セカンダリー（secondary）をつけた sec-ブチル基が慣用名として使われている．

　枝分かれしたアルカンは，最も長い炭素鎖（主鎖）のアルキル置換体として，次の規則に従い命名される．

① 主鎖となる炭素鎖を見つけ，主鎖から枝分かれしているすべての基をアルキ

---

[1] イソプロピル基は IUPAC の系統的な命名法では 1-メチルエチル基になる．
[2] tert-ブチル基は IUPAC の系統的な命名法では 2-メチルプロパン-2-イル基になる．

```
 CH₃—CH—        CH₃—CH—CH₂—       CH₃—CH₂—CH—           CH₃
       |                |                   |           |
      CH₃              CH₃                 CH₃    CH₃—C—
                                                        |
                                                       CH₃
    イソプロピル       イソブチル          sec-ブチル       tert-ブチル
```

ル置換基として主鎖とともに命名する．

② 主鎖の炭素に端から順に番号をつけていく．その際，置換基のついている炭素原子の番号がより小さくなるようにする．

③ 主鎖の名称の前に，位置を表す番号とともに置換基をアルファベット順に並べる．

④ 同じ置換基が二つ以上ある場合には，置換基の名称の前に di-（2個），tri-（3個），tetra-（4個）など，数を表す接頭語をつけてまとめる．ただしこれらの接頭語は③のアルファベット順を考える場合に対象としない．置換基名の間はハイフンでつなげる．

この規則をもとにAの化合物を命名してみよう．まず①の規則から，主鎖は炭素数6の hexane であり，置換基として2個の methyl 基と1個 ethyl 基がついているとみる．次に②の規則から，主鎖の炭素に左から番号を振り，③から，2-methyl が2個と 4-ethyl が1個になる．最後に④の規則から，2個の 2-methyl は 2,2-dimethyl とまとめた後，アルファベット順で主鎖につなげると，4-ethyl-2,2-dimethylhexane となる．

5.3 シクロアルカン

環状の飽和炭化水素はアルカンの前に環状を意味する接頭語のシクロ（cyclo-）をつけてシクロアルカン（cycloalkane）という[1]．環が一つで無置換のシクロアルカンはメチレン鎖 $-(CH_2)_n-$ の両端をつなげた構造になるので，アルカンよ

---
[1] 環状の脂肪族は，脂環式（alicyclic）化合物ともよばれる．

り水素が2個少なく一般式は C_nH_{2n} になる．炭素数が3個から環状構造をつくることができ，対応する炭素鎖をもつアルカンの名前の前にシクロをつけて命名する．構造式を書き表す場合，骨格だけを線でつないだ省略形がよく使われる．構造式の各頂点には CH_2 が省略されていると考える．

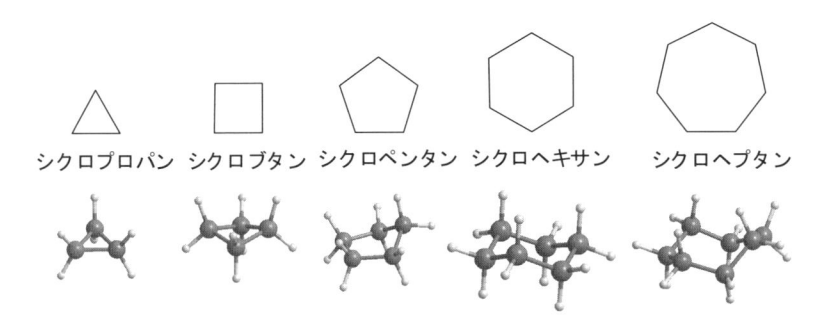

シクロプロパン　シクロブタン　シクロペンタン　シクロヘキサン　　シクロヘプタン

　シクロプロパンのC-C-Cの結合角は見かけ上60°であり，ひずみのない sp^3 混成軌道がつくる結合角109.5°に比べてかなり小さく，大きなひずみが環にかかっている．同様にシクロブタン環も，平面構造での結合角は90°になり，ひずみは大きい．しかし，実際には，シクロブタン環は結合角をさらに小さくして環にひずみを加えてでも，少し折れ曲がった構造をとる．この現象は，平面構造では水素どうしが重なり配座（3.3節）をとることになり，その水素どうしの立体的な反発を避けるために起こる．環ひずみの大きいシクロプロパンやシクロブタンではNi触媒存在下，水素付加反応を行うと開環してそれぞれプロパンとブタンが生成される．

△ →(H₂/Ni, 120°C)→ CH₃CH₂CH₃

□ →(H₂/Ni, 200°C)→ CH₃CH₂CH₂CH₃

　シクロペンタンでは，平面構造でのC-C-Cの結合角は108°になり，環にひずみはかからないが，重なり配座にある水素どうしの反発のため，シクロブタンと同様，環は折れ曲がった構造をとる．シクロヘキサンでは，3.3節で学んだように，いす型配座のときに全くひずみも水素どうしの反発もない構造になる．このように五員環や六員環はひずみが小さいので，いろいろな反応によって容易に形成される．また，そのため五員環や六員環は天然の化合物にも多くみられる．たとえば，さまざまな生理活性を示すことが知られているステロイドは，シクロヘキサン環が3個，シクロペンタン環が1個トランス型に縮合した構造を基本の

ステロイドの基本骨格

骨格にもつ[1,2].

5.4 アルカンの反応

炭素と水素の間では電気陰性度の差が小さいので,結合に分極がほとんどない.したがってアルカン類は反応性に乏しく,燃料以外の用途としては,主に反応や抽出の溶媒として利用されている.アルカン類を反応させるためには,光や高熱などの激しい条件を用いて,ホモリシス(4.3節)により発生するラジカルの反応を利用する.**クラッキング**[3] とよばれる石油の改質でもアルカンのホモリシスが起こっている.

ハロゲンに光を照射するか高温で反応させるとハロゲンのラジカルが発生する.アルカンを共存させておくと C–H 結合がハロゲンに置換される.ハロゲンの反応性は $F_2 > Cl_2 > Br_2$ となり,I_2 とは反応を起こさない.

メタンと塩素の混合物に紫外線を照射すると,クロロメタン CH_3Cl が生成する.塩素が過剰な場合,さらに塩素化が進行し,塩化メチレン CH_2Cl_2,クロロ

$$H-\underset{H}{\overset{H}{C}}-H \xrightarrow[\text{光}]{Cl_2} H-\underset{H}{\overset{H}{C}}-Cl + HCl$$

$$CH_3Cl \xrightarrow[\text{光}]{Cl_2} CH_2Cl_2 \xrightarrow[\text{光}]{Cl_2} CHCl_3 \xrightarrow[\text{光}]{Cl_2} CCl_4$$

---

1) 二つの環構造が一つの結合を共有してつながっている状態を縮合 (fused) しているという.
2) シクロヘキサンが2個縮合した化合物をデカリンといい,トランス型とシス型の縮合様式がある.
3) 触媒存在下,500℃程度で数秒間加熱すると,アルカンの炭素–炭素結合が切れ,より炭素鎖の短いアルカンやアルケンの混合物に変えることができる.これをクラッキングという.石油の留分で分子量の大きい重油などを,より需要の高く,低分子で素早く燃焼するガソリンや灯油に変換することができる.

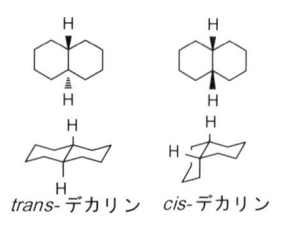

trans-デカリン　　*cis*-デカリン

ホルム CHCl$_3$,四塩化炭素 CCl$_4$ が生成してくる.

このハロゲン化の反応機構 (reaction mechanism) は,以下に示す 3 段階からなるラジカル連鎖反応 (chain reaction) である. ① 塩素分子の Cl−Cl 共有結合はアルカンの C−H 結合や C−C 結合よりも弱いので,紫外線を吸収するとホモリシスにより一部塩素ラジカルが発生する. ② ラジカルは非常に反応性に富んでいるので,塩素ラジカルがメタンから水素原子を引き抜き,メチルラジカルを発生させる. ③ このメチルラジカルが塩素分子と反応して,クロロメタンを生成する.同時に塩素ラジカルも再生する.

③ で再生した塩素ラジカルは,② に戻って反応するので,一旦 ① の反応が起こると,② と ③ の反応が連鎖的に起こることになる.ラジカルどうしが反応すると連鎖反応は停止することになるが,ラジカルの濃度は,他のメタンや塩素分子に比べていつも非常に低いので,連鎖反応の方が優先的に起こる.

まとめ

① 炭素と水素のみから成る化合物を**炭化水素**とよび,単結合だけでつながれた炭化水素を**アルカン**という.
② 直鎖や枝分かれのアルカンは一般式 C_nH_{2n+2} で表され,環状の**シクロアルカン**では C_nH_{2n} になる.
③ 系統的な有機化合物の命名法として **IUPAC 命名法**があり,アルカンがあらゆる有機化合物の命名の基礎となる.
④ シクロアルカンでは五員環と六員環でひずみが小さく,その構造が天然の化合物にも多く含まれている.

⑤ アルカンは極性がなく反応性が低い．そのため，熱分解や光照射下でのハロゲン化など限られた反応しか進行しない．
⑥ アルカンの光照射下でのハロゲン化は**ラジカル機構**で進行する．

問題

[1] 次の化合物を IUPAC の規則を用いて命名せよ．立体化学は考えなくてよい．

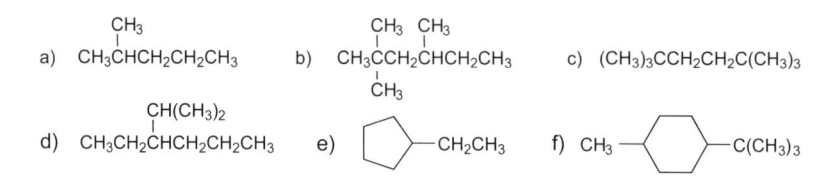

a) CH₃CHCH₂CH₂CH₃
     |
     CH₃

b) CH₃CHCHCH₂CH₃
     | |
     CH₃ CH₃

c) (CH₃)₃CCH₂CH₂C(CH₃)₃

d) CH₃CH₂CHCH₂CH₃
          |
          CH(CH₃)₂

e) シクロペンチル—CH₂CH₃

f) CH₃—シクロヘキシル—C(CH₃)₃

[2] 次の化合物の構造式を書け．
  a) 2-メチルヘキサン b) 2,3-ジメチルノナン c) 2,2,4-トリメチルペンタン
  d) 1,1-ジメチルシクロプロパン e) 4-エチル-5-イソプロピルオクタン
  f) 4-t-ブチルオクタン g) 3,4,4,5-テトラメチルヘプタン

[3] C_5H_{12} の分子式をもつアルカンについて，考えられるすべての構造式と IUPAC 名を書け．また，これらの異性体のうち，最も沸点が低いと予想される化合物はどれか．○印で示せ．

[4] 次の多環式アルカンを塩素化すると，何種類のモノクロロ体が得られるか．

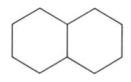

[5] 次の化合物の構造式を書け．また，ここに示した名称はいずれも正しくないと予想されるので，正しい IUPAC 名に改めよ．
  a) 1-メチルペンタン b) 2-エチルブタン c) 1,3-ジメチルシクロプロパン
  d) 4-エチル-3-メチルペンタン e) 1,1,3-トリメチルブタン

6

アルケンとアルキン

　炭素-炭素二重結合をもつアルケンや炭素-炭素三重結合をもつアルキンのπ結合は反応性が高く，π結合が開裂して新たに2個の原子あるいは原子団が付加する反応（付加反応）が起きやすい．その結果，アルカンの誘導体に変換されるので，アルカン類が飽和化合物とよばれるのに対し，アルケンやアルキンは不飽和化合物とよばれる．本章ではアルケンとアルキンの反応について学ぶ．

6.1 アルケン

　炭素-炭素二重結合を1つ含む炭化水素をアルケン（alkene）[1]といい，一般式はC_nH_{2n}で表される．$n=2$や3のアルケンではエチレン（ethylene）やプロピレン（propylene）という慣用名がよく使われているが，IUPAC命名法では，① 炭素-炭素二重結合を含む一番長い炭素鎖を主鎖とし，炭素数が同じアルカンの接尾語の -ane を -ene にかえて命名する．この規則に従うと，C_2H_4はエテン（ethene）となり，以下順にプロペン（propene），ブテン（butene）……となる．② 主鎖の炭素原子に番号をつける際，二重結合の位置を表す番号が小さくなるように端から番号をつけ，二重結合を形成する二つの炭素のうち小さい方の番号のみ主鎖名の前につける．③ 置換基がある場合はその位置を表す番号とともに主鎖名の前につける．たとえば，次の化合物Aでは ① 主鎖はヘキセンであり，

---

1) アルケンの類義語として，オレフィンという語句もよく使われる．

② 二重結合の位置は 2 位になる．③ 置換基を合わせて IUPAC 名は 3,5-ジメチル-2-ヘキセンとなる．

アルケンの二重結合を形成する炭素は，2.4 節で学んだように sp^2 混成をとる．炭素と炭素の間は，sp^2 軌道が重なりあった σ 結合と，sp^2 軌道に対して垂直に立った 2p 軌道が平行に重なりあった π 結合の 2 種類の結合でつながっている（図 6.1）．π 結合を形成している 2 個の電子は，二つの炭素にまたがって分子平面の上下両方に分布している．π 結合は室温では開裂しない程度に強く結合しており，置換基の組み合わせによってシス-トランス異性体が存在する（3.2.5 項）．

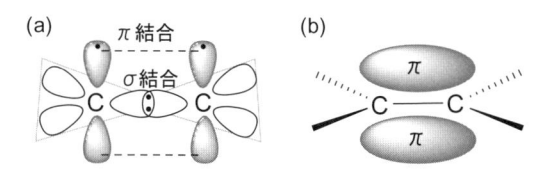

図 6.1 二重結合の (a) 混成軌道の重なりと (b) π 電子の分布

6.2 アルケンの合成

実験室でアルケンを合成する場合，一般的に脱離反応 (elimination reaction) を利用することが多い．脱ハロゲン化水素や脱水反応が代表的な例である．

a. 脱ハロゲン化水素

ハロゲン化アルキルを水酸化物イオン，エトキシド ($CH_3CH_2O^-$)，t-ブトキシド ($(CH_3)_3CO^-$) のような塩基と反応させると，ハロゲン化水素の脱離が起こり，アルケンが得られる．反応機構については次章の 7.5 節で解説するが，この反応は置換反応と競合するため，出発物質と塩基の組み合わせ方で結果が変わる．

X = I, Br, Cl

b. アルコールの脱水

アルコールを硫酸などの強酸とともに加熱すると，1分子の水が脱離してアルケンが得られる．反応機構については次の 6.3b 節で解説する．

$$\text{>C-C<} \xrightarrow[\text{加熱}]{H^+} \text{>C=C<} + H_2O$$
　　H OH

6.3 アルケンの反応

アルケンでは付加反応（addition reaction）が起こりやすい．付加反応では，二重結合の π 結合 1 本と反応剤の σ 結合 1 本が切れて，生成物に 2 本の σ 結合が新たに形成される．一般に π 結合の結合エネルギーより σ 結合の結合エネルギーの方が強いので，付加反応は発熱反応になる．そのため，アルケンは，容易により安定なアルカンの誘導体[1]へと変換される．このようなアルケンの付加反応を利用して，さまざまな化合物へと変換することができる．

$$\text{>C=C<} \xrightarrow{X-Y} \text{>C-C<}$$
（π 結合）　（σ 結合）　　（X Y　σ 結合）

a. ハロゲン化水素付加

アルケンをハロゲン化水素 H–X（X = Cl, Br, I）と反応させると，ハロゲン化アルキルが生成する．

$$\text{>C=C<} \xrightarrow[X=Cl, Br, I]{H-X} \text{>C-C<}$$
　　　　　　　　　　　　　　H X

この反応の機構は，2段階の反応を含んでいる．まずはじめに π 結合が開裂してプロトンと結合し，カルボカチオン中間体を生じる反応がゆっくり進行する．この 1 段階目の反応は，アルケンの炭素が，周辺の水素原子やアルキル基による

---

[1] 誘導体とは化合物の一部を他の原子や官能基で置換したものを意味する．

弱い分極で負電荷を帯び，正に帯電したプロトンと反応を起こしやすい状態になっているために起こる．曲がった矢印（4.3節）を用いてこの電子の流れを考える場合，π結合も形式的に1組の結合電子対を作っていると考える．片方の炭素にC-H結合が形成されるとき，もう一方の炭素は共有結合が3本で外殻に6個の電子がある状態なので形式電荷（4.4節）は+1になる[1]．次に負に帯電したハロゲン化物イオンが正に帯電しているカルボカチオンと速やかに反応し，付加反応が完結する．このとき，ハロゲン化物イオン中の4組の非共有電子対のうちの1組がC-X共有結合電子対として使われる．

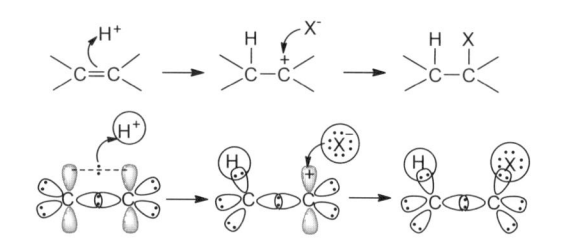

ほとんどの有機化学の反応は，求核剤（nucleophile，求核種：Nu:⁻）と求電子剤（electrophile，求電子種：E⁺）の出会いで進行する．求核剤は原子核に対して攻撃する電子豊富な化学種で，求電子剤は電子が不足していて電子と結合を作るように働く．求核剤と求電子剤は表裏一体の関係にあり互いに結びつく反応が起こりやすい．

Nu:⌒E⁺ ⟶ Nu:E

アルケンへのプロトン付加の場合，アルケンは求核種として働きプロトンが求電子剤となる．この反応の主役はアルケンであり，攻撃する試薬が求電子剤である．また，その結果付加反応が起きるので，このような反応を**求電子付加反応**（electrophilic addition）という．

2-メチルプロペンのような非対称なアルケンの臭化水素付加では，2種類の臭化アルキルが生成する可能性がある．しかし，実際には臭化 t-ブチルのみ生成

---

[1] カルボカチオンでは，三組の結合電子対が，反発によりお互いを遠ざけるように sp² 混成をとり，2p 軌道が空の状態になっている．

2p軌道
sp²混成軌道

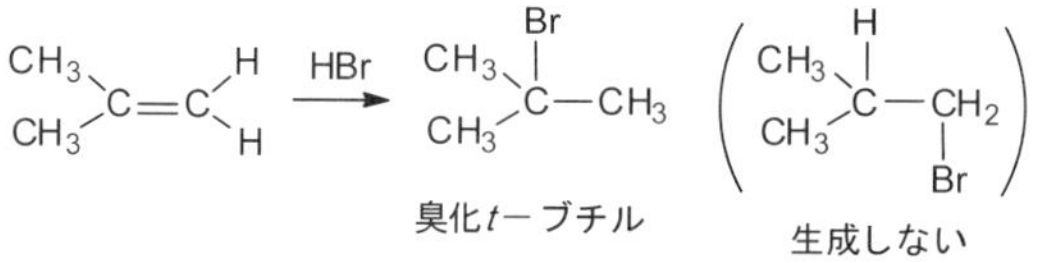

6.3 アルケンの反応

[図: プロペン + HBr → 臭化 t-ブチル（(CH₃)₂CBrCH₃）, 生成しない異性体 (CH₃)₂CH-CH₂Br]

する.

非対称なアルケンに対するハロゲン化水素付加では，プロトンの付加はより置換基の少ない炭素に結合する．このような法則は Markovnikov 則[1]とよばれ，カルボカチオン中間体の安定性の差から説明できる．4.5 節で見たようにアルキル基は弱い電子供与基であり，アルキル置換基が多いほど中心のカルボカチオンの陽電荷を中和して安定化する．その結果，第一級のカルボカチオン I と第三級のカルボカチオン II では，I が相当不安定で発生しにくく，より安定な II のみ発生し，臭化 t-ブチルの生成が優先される．

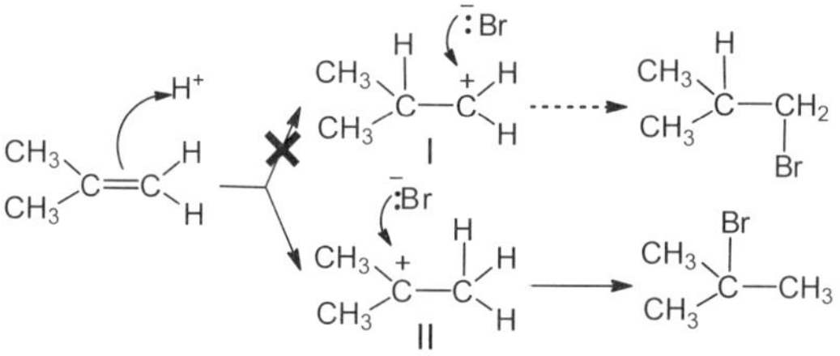

[図: プロペンへの H⁺ 付加によるカルボカチオン I (第一級) と II (第三級) の生成機構, Br⁻ の攻撃]

b. 水の付加

アルケンに 50% の硫酸水溶液を反応させると，アルコールが得られる．この反応もハロゲン化水素付加と同様に，まずプロトンが付加してカルボカチオンを生成し，水が付加した後，プロトンが外れて反応が完結する．反応はカルボカチオンを経由し，Markovnikov 則に従った生成物を与える．各段階が可逆的に進行するため，過剰に水がある状態で平衡はアルコールの生成側にかたよる．一方，アルコールから出発し，酸性条件下，加熱して水を取り除くと反応はアルケン生成にかたよる（6.2b 節）．この場合，アルコールから水酸化物イオンが外れるのではなく，アルコールにプロトンが付加したオキソニウムイオン型の中間体から水が脱離してカルボカチオンが生成し，最後にプロトンが外れてアルケンになる．

---

[1] Markovnikov 則は分子軌道の概念が確立するより前の 1869 年に Vladimir Markovnikov（ロシア）により発表された経験則である．

c. ハロゲンの付加

塩素や臭素は室温でアルケンの二重結合に容易に付加し，ジハロアルカンを生成する．常温常圧で気体である塩素に比べ，臭素は液体で扱いやすく，反応は速やかに進行し，ただちに臭素の赤色が消えることから，アルケンの検出反応としても利用できる．

臭素分子自体に極性は無いが，負の電荷を帯びたアルケンの炭素に近づくと，近づいた方の臭素が正電荷を帯びるように分極し，その$Br^{\delta+}$が求電子剤として働き，付加反応が起こる．この時に生成する中間体上の正電荷は，原子番号の小さい（すなわち全電子数の少ない）炭素上にあるよりも，三員環を作ってより原子番号の大きい（すなわち全電子数の多い）臭素にある方が安定であり，ブロモニウムイオン（bromonium ion）とよばれる状態をとる．次にBr^-イオンが炭素を攻撃するが，この橋かけの$C-Br$結合と同じ側からは反応できず，裏側から攻撃して$C-Br$結合をつくる．その結果，臭素は元のアルケンの分子平面に対して，反対側に結合をつくる（アンチ付加，anti addition）[1]．

---

1) trans-2-ブテンの臭素化ではmeso-2,3-ジブロモブタンが生成し，cis-2-ブテンからはラセミ体が生成する．

trans-2-butene → meso-2,3-dibromobutane

d. ボランの付加

ボラン（BH_3）は，カルボカチオンの電子構造（6.3a 節）と似て，共有結合は 3 本で p 軌道が空になっている．ホウ素のまわりの外殻電子は 6 個しかなく，電子不足の求電子種であり，アルケンに対して求電子付加反応を起こす．この反応の遷移状態は 4 中心で，水素とボランの付加はアルケンの分子平面に対し，同じ側に付加する（シン付加，syn addition）．

この反応は，非対称なアルケンの場合，アルケンの置換基の立体効果（steric effect）により，ホウ素はより置換基の少ない方に付加する．生成したアルキルボランの C–B 結合を塩基性条件下で過酸化水素で酸化すると，アルコールに変換できる．ここで生成するアルコールは逆 Markovnikov 型になり，通常の方法では合成しにくいアルコールが選択的に合成できるため有用である[1]．

e. 水素の付加

Pt, Pd, Ni などの金属触媒の存在下，アルケンを水素と反応させると，水素付加が起こりアルカンを与える．

水素分子が触媒表面に吸着されると水素–水素結合が弱まる．触媒表面に吸着

---

[1] このようなボランの有機合成における有用性を発見した Herbert. C. Brown は 1979 年にノーベル賞を受賞した．

したアルケンに，この活性化された水素が付加して反応が完結する（下図）．この時，アルケンの分子平面に二つの水素は両方同じ側に付加する（シン付加）．この反応は工業的に重要であり，油脂の硬化などに利用されている．

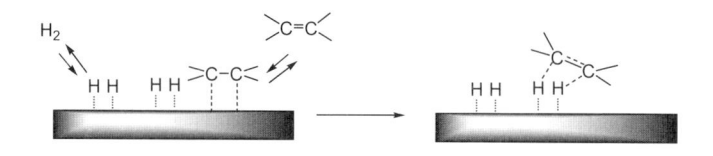

f. 過酸との反応

過酸（RCOOOH）の酸素-酸素結合は分極し，水素が付いている端の酸素は正の電荷を帯び，求電子性をもつ．アルケンに過酸を反応させると三員環のエーテルであるエポキシドが生成する．エポキシドはひずみが大きく，希酸との反応で容易に開環し，*trans*-1,2-ジオールになる（8.6節）．

g. オゾン分解

アルケンにオゾンガス（O_3）を反応させると，オゾニドとよばれる化合物を生成する．このオゾニドを亜鉛で処理すると，アルケンの二重結合を切断してそこに酸素をつけたような2種類のカルボニル化合物が生成する．

6.4 共役ジエン

二重結合を2個もつ化合物は，ジエン (di + ene) といい，二重結合を一つの単結合のみで隔てたジエンは，π共役系 (4.5, 4.6節) のジエンで，共役ジエン (conjugated diene) という．通常のアルケンでは起こらない共役ジエン特有の反応として，1,4-付加と環化付加がある．

a. 1,4-付加

1,3-ブタジエン ($CH_2=CH-CH=CH_2$) に1当量のHBrを付加させると，通常のHBr付加反応 (6.3a節) の生成物である1,2-付加体に加えて，1位と4位に水素と臭素が付加し2位が二重結合に変化する1,4-付加体が生成してくる．この反応の第1段階は，HBr付加 (6.3a節) と同様，プロトンの付加によるカルボカチオンの生成である．生成したカルボカチオン I は II との共鳴混成体であり，Br^- が共鳴構造 I で負電荷を帯びた2位の炭素を攻撃するだけでなく，共鳴構造 II で負電荷を帯びた4位の炭素も攻撃することにより，1,2-付加体と1,4-付加体が生成してくる．III のような中間体は，不安定な第一級のカルボカチオンを含み，I と II のような共鳴安定化もないので考慮しなくてよい．

$$CH_2=CH-CH=CH_2 \xrightarrow{HBr} CH_3-\underset{Br}{CH}-CH=CH_2 + CH_3-CH=CH-\underset{}{CH_2Br}$$

1,2-付加体　　　　1,4-付加体

$$CH_2=CH-CH=CH_2 \xrightarrow{H^+} \underset{1\ 2\ 3\ 4}{CH_3-\overset{+}{CH}-CH=CH_2} \leftrightarrow \underset{1\ 2\ 3\ 4}{CH_3-CH=CH-\overset{+}{CH_2}}$$

I　　　　　　　　　　II

$$\overset{+}{CH_2}-CH_2-CH=CH_2 \quad III$$

b. 環化付加

1,3-ジエン体とエテン体を反応させると，環化付加が起こりシクロヘキセン環が生成する．この反応は Diels–Alder 反応[1] とよばれる．Diels–Alder 反応のエテン類は求ジエン (dienophile) とよばれ，求ジエンにカルボニル基 ($>C=O$) やシアノ基 ($-C\equiv N$) のような電子求引基を付けて，アルケンを電子不足の状態にすると，電子豊富なジエンとの反応がよりスムーズに進行する．たとえば，1,3-ブタジエンとエテンの反応は200℃近くの高温で気相での反応が必要になるが，テトラシアノエチレン (TCNE) とは室温でも効率よく反応する．

---

[1] Otto P. H. Diels と Kurt Alder は，この六員環形成反応の発見により1950年にノーベル賞を受賞した．

6.5 アルキン

炭素-炭素三重結合を1つ含む炭化水素をアルキン（alkyne）といい，一般式は C_nH_{2n-2} で表される．$n=2$ のアルキンではアセチレン（acetylene）という慣用名がよく使われているが，IUPAC命名法では，アルケンの接尾語の -ene を -yne にかえて命名し，C_2H_2 はエチン（ethyne）となる．その他の誘導体の命名の規則は，アルケンの規則（6.1節）と同様である[1]．

アルキンの三重結合を形成する炭素は，2.4節で学んだように sp 混成をとる．炭素と炭素の間は，sp 軌道が重なりあった1本の σ 結合と，sp 軌道に対して直交した2個の 2p 軌道が平行に重なりあった2本の π 結合でつながっている（図6.2）．三重結合をはさんで結合している4個の原子は直線状に並んでいる．

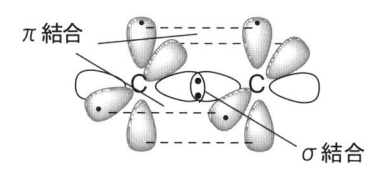

図 6.2 三重結合の混成軌道の重なり

6.6 アルキンの合成

最も小さなアルキンであるエチン（アセチレン）は，工業的には炭化水素の熱

---

[1] たとえば右のような化合物は 4-methyl-2-pentyne となる．

分解や，生石灰（CaO）とコークス（C）を電気炉で2000℃に加熱することにより得られる炭化カルシウム（CaC₂）の水による分解で得られる．

実験室的には，アルケンの臭素化（6.3c 節）により得られる 1,2-ジハロアルカンに，脱ハロゲン化水素（6.2a 節）を二重に行うことにより合成される．

$$\text{CH}_2=\text{CH}_2 \xrightarrow{\text{Br}_2} \text{CH}_2\text{Br}-\text{CH}_2\text{Br} \xrightarrow{2\text{CH}_3\text{-C(CH}_3)_2\text{-O}^- \text{K}^+} \text{HC}\equiv\text{CH}$$

6.7 アルキンの反応

アセチレンは，化学工業ではポリ塩化ビニルやポリ酢酸ビニルなど合成樹脂の出発の原料になっている．また，酸素と混合して使用させるアセチレンバーナーは 3000℃ 以上の高温になり，金属の溶接などに利用される．

アルキンの反応性は，基本的にアルケンとよく似て付加反応が起こる．

a. 水素の付加

Pt, Pd, Ni などの金属触媒の存在下，アルキンを水素と反応させると，水素付加が起こり cis-アルケンを経てアルカンが生成する[1]．

$$\text{R-C}\equiv\text{C-R'} \xrightarrow{\text{H}_2/\text{Pt}} \left[\begin{array}{c} \text{R} \\ \text{H} \end{array} \text{C=C} \begin{array}{c} \text{R'} \\ \text{H} \end{array} \right] \xrightarrow{\text{H}_2/\text{Pt}} \text{R-CH}_2\text{-CH}_2\text{-R'}$$

b. ハロゲンの付加

アルキンに塩素あるいは臭素を反応させると，2回ハロゲンの付加反応が進行し，テトラハロゲン化アルキルが生成する．途中で生成するジハロゲン化アルケニルの方がアルキンより反応性が高く，アルケン体で反応を止めることは難しい．

$$\text{R-C}\equiv\text{C-R'} \xrightarrow[X=\text{Br, Cl}]{X_2} \left[\begin{array}{c} \text{R} \\ \text{X} \end{array} \text{C=C} \begin{array}{c} \text{X} \\ \text{R'} \end{array} \right] \xrightarrow{X_2} \text{R-}\underset{X}{\overset{X}{\text{C}}}\text{-}\underset{X}{\overset{X}{\text{C}}}\text{-R'}$$

---

[1] Pd を炭酸カルシウムに担持させ，酢酸鉛とキノリンを加えて活性を落とした触媒（Lindlar 触媒）を使うと，cis-アルケンで水素付加を止めることもできる．

c. ハロゲン化水素の付加

アルキンに HCl，HBr，HI を反応させると，2 段階で付加反応が進行し，1 段階目でハロゲン化アルケニルができ，2 段階目でジハロゲン化アルキルが得られる．このとき，反応は Markovnikov 則に従って，同じ炭素にハロゲンが 2 個ついた *gem*-ジハロ体になる[1]．

$$R-C\equiv C-R' \xrightarrow[X=I,Br,Cl]{HX} \underset{H}{\overset{R}{>}}C=C\underset{R'}{\overset{X}{<}} \xrightarrow{HX} R-CH_2-\underset{X}{\overset{X}{\underset{|}{\overset{|}{C}}}}-R'$$

d. 水の付加

アルキンを硫酸水銀（II）存在下，酸性条件で水と反応させると付加反応が起こる．反応の最初の段階は，アルケンへの水和反応（6.3b 節）と同様にプロトンが付加し，続いて水の付加が起こる．生成物は Markovnikov 則に従い，アルケンにアルコールがついたエノールが一旦生成するが，エノールは不安定であり，ケト－エノールの**互変異性**（tautomerization）（11.6 節）により速やかにケトン体に変わる[1]．

$$R-C\equiv C-R' \xrightarrow[HgSO_4]{H_2O,\ H^+} \left[\underset{H}{\overset{R}{>}}C=C\underset{R'}{\overset{OH}{<}}\right] \longrightarrow R-CH_2-\overset{O}{\overset{\|}{C}}-R'$$
エノール

e. アセチリドの生成

分子鎖の末端に三重結合があるアルキン（末端アルキン）では，その末端の水素の酸性度はアルカンやアルケンの水素に比べ高く抜けやすい．その結果，ブチルリチウム（$CH_3CH_2CH_2CH_2Li$）のような有機金属試薬を反応させると，アルキンの水素は容易に外れてプロトンを放出し，**アセチリド**（acetylide）が生成する．アセチリドは炭素側が負の電荷を帯び，求核剤として働く（7.3a 節）．

$$R-C\equiv C-H \xrightarrow{CH_3CH_2CH_2CH_2Li} R-C\equiv \overset{\delta-}{C}-\overset{\delta+}{Li} + CH_3CH_2CH_2CH_3$$
リチウムアセチリド

$$R-C\equiv \overset{\delta-}{C}\!\div\!\overset{\delta+}{Li} \longleftrightarrow R-C\equiv C\!:^- \ Li^+$$

---

1) 接頭語 *gem*- はラテン語の *gemini*（＝twins）に由来し，ジェミナルと読む．

まとめ

① 二重結合および三重結合を形成する炭素はそれぞれ **sp² 混成**および **sp 混成**をとり，二重結合では 1 本の σ 結合と 1 本の **π 結合**で，三重結合では 1 本の σ 結合と 2 本の π 結合で構成されている．
② アルケンおよびアルキンは，弱い π 結合をもつため**付加反応**を起こしやすく，生成物として飽和化合物を与える．
③ アルケンは，ハロアルカンやアルコールの**脱離反応**により合成される．
④ アルケンに対する**求電子付加反応**の機構では，H^+ や $Br^{\delta+}$ のような電子不足の求電子剤が π 結合を攻撃し，カチオン性の中間体を経由する．
⑤ アルケンのハロゲン化水素付加では，**カルボカチオン中間体**がより安定となるようなプロトンの付加が最初に起こり，続いてハロゲン化物イオンが付加する（**Markovnikov 則**）．
⑥ 橋かけのブロモニウムイオン中間体を経由するアルケンの臭素付加では，生成物の立体化学が制御される．
⑦ アルケンのボラン付加では，**立体効果**によりホウ素が置換基のより少ない方に付加する．ボランを酸化することにより得られるアルコールは逆 Markovnikov 型になる．
⑧ 1,3-ジエンは電子不足の求ジエンと速やかに反応し，シクロヘキセン環を生成する（**Dield–Alder 反応**）．
⑨ アルキンはアルケンと類似の付加反応を 2 回起こす．
⑩ 末端アルキンの水素の酸性度は高く，容易にプロトンを引き抜くことができ，**アセチリド**を与える．

問題

[1] 次の化合物の IUPAC 名を書け．立体化学は考えなくてよい．

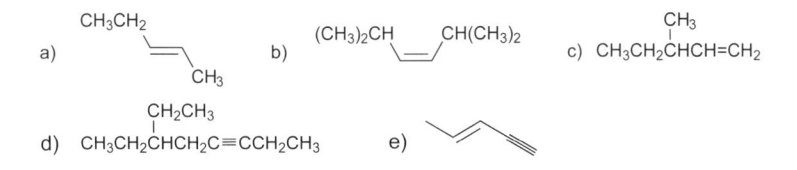

a) $CH_3CH_2-CH=CH-CH_3$ (with CH₃ substituent)
b) $(CH_3)_2CH-CH=CH-CH(CH_3)_2$
c) $CH_3CH_2CHCH=CH_2$ (with CH₃ substituent)
d) $CH_3CH_2CHCH_2C\equiv CCH_2CH_3$ (with CH_2CH_3 substituent)
e) $CH_3-CH=CH-C\equiv CH$

[2] 次の化合物の構造式を書け．光学異性体は考えなくてよい．
  a) (E)-4-メチル-2-ヘキセン
  b) 1,3-ジメチルシクロヘキセン
  c) 4-メチル-1-ペンチン

[3] 次に示す反応の反応式と生成物の構造を記せ．
　　a) 1-ブテンに塩化水素を反応させる．
　　b) 2-メチル-1-ブテンに臭素を反応させる．
　　c) 2-メチル-2-ブテンを硫酸存在下で水と反応させる．
　　d) 2-ブチンを硫酸-硫酸水銀存在下で水と反応させる．

[4] 次の反応の生成物を書け．立体異性体が可能な場合には，可能な立体配置の一つを示せ．

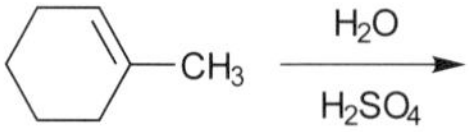

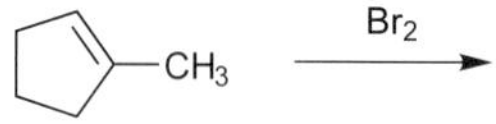

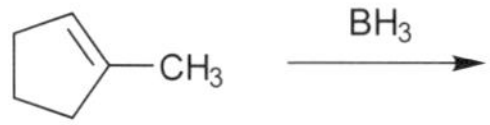

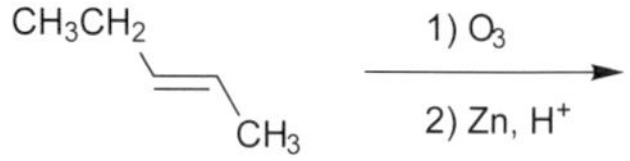

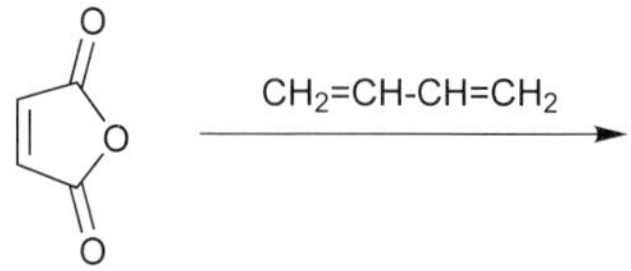

7

ハロゲン化アルキル

アルカンの水素原子がハロゲン原子で置換された化合物では，炭素-ハロゲン結合が分極しているのでイオン反応を受けやすい．本章ではハロゲン化アルキルの求核置換反応と脱離反応について学ぶ．

7.1 炭化水素のハロゲン置換体

アルカンのハロゲン置換体は，ハロゲン化アルキル（alkyl halide）あるはハロアルカン（haloalkane）といい，F，Cl，Br，I 置換体は，炭化水素の名称の前に，それぞれ接頭語のフルオロ，クロロ，ブロモ，ヨードをつけて命名する．炭化水素基名の後に"ハロゲン化"の和訳に対応する fluoride, chloride, bromide, iodide を付ける命名法も使われている．

CH_3-I
iodomethane ヨードメタン
methyl iodide ヨウ化メチル

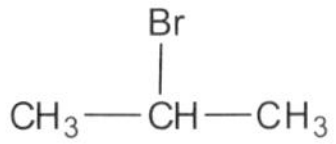

$CH_3-CH(Br)-CH_3$
2-bromopropane 2-ブロモプロパン
isopropyl bromide 臭化イソプロピル

$CH_2=CH-Cl$
chloroethene クロロエテン
vinyl chloride 塩化ビニル

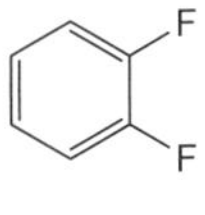

o-difluorobenzene オルトジフルオロベンゼン

ハロアルカンは炭素より重いハロゲン原子を含むので，一般に密度は大きくなり，塩素を複数個もつものや，臭素やヨウ素をもつものでは，水より密度が大きい（表7.1）．特にジクロロメタンやクロロホルムは有機化合物の溶媒としてよく利用されるが，抽出に利用する際，ヘキサンやエーテルの場合と異なり，水が上

表 7.1　ハロゲン化アルキルの密度（25℃）

構造	名称	密度 ($g\ ml^{-1}$)
CH_2Cl_2	ジクロロメタン	1.317
$CHCl_3$	クロロホルム	1.480
CCl_4	四塩化炭素	1.584
$CH_2=CHCl$	塩化ビニル	0.901
CH_2CHF_2	1,1-ジフルオロエタン	0.896
CH_2CH_2Cl	クロロエタン	0.889
CH_2CH_2Br	ブロモエタン	1.451
CH_2CH_2I	ヨードエタン	1.924

層になり，これらのハロアルカンが下層にくる．

7.2　ハロゲン化アルキルの合成

ハロゲン化アルキルを合成する方法については，すでにいくつか学んできた．これらを含めて要約すると次のようになる．

　a．アルカンのハロゲン化

　光を照射しながらアルカンに塩素や臭素を反応させるとラジカル反応が起こり，水素原子がハロゲン原子に置換される（5.4 節）．

$$R\text{-}H \xrightarrow[光]{X_2} R\text{-}X$$

　b．アルケンへの付加

　アルケンへのハロゲン化水素付加およびハロゲン付加により，それぞれモノハロゲン化アルキル，1,2-ジハロゲン化アルキルが生成する（6.3 節）．

$$\ce{>C=C<} \xrightarrow{HX} \ce{>C-C<}_{H\ X} \qquad X = Cl, Br, I$$

$$\ce{>C=C<} \xrightarrow{X_2} \ce{>C-C<}_{X\ X} \qquad X = Cl, Br$$

　c．アルコールのハロゲン化

　アルコールにハロゲン化水素，三臭化リン（PBr_3），塩化チオニル（$SOCl_2$）などを反応させると，アルコールのヒドロキシ基がハロゲンで置換されたハロゲン化アルキルが生成する（8.3 節）．

$$R\text{-}OH + HI \longrightarrow R\text{-}I + H_2O$$

$$R\text{-}OH + PBr_3 \longrightarrow R\text{-}Br + PO(OH)_3$$

$$R\text{-}OH + SOCl_2 \longrightarrow R\text{-}Cl + SO_2 + HCl$$

7.3 ハロゲン化アルキルの反応

炭素-ハロゲン結合は分極構造をもち，またハロゲン化物イオンが高い安定性をもつため，ハロゲン化アルキルはヘテロリシス（4.3節）を起こしやすい．その結果，ハロゲン原子が他の原子団に置き換わる置換反応や，プロトンとともにハロゲン化物イオンが外れる脱離反応が進行する．

a. 求核置換反応

炭素-ハロゲン結合は $C^{\delta+} - X^{\delta-}$ のように分極しており，この電子不足の炭素は電子豊富な求核剤（6.3a節）による攻撃を受けて，Xが求核剤に置き換わる反応が起こる．このような求核剤による置換反応を**求核置換反応**[1]（nucleophilic substitution）という．例えば，ハロゲン化アルキルに水酸化物イオン（OH^-）やアルコキシド（RO^-）のような求核剤を反応させるとアルコールやエーテルが得られ，シアン化物イオン（$N \equiv C^-$）やアセチリド（$C \equiv C^-$）のような求核剤を反応させるとニトリルやアルキンが得られる．

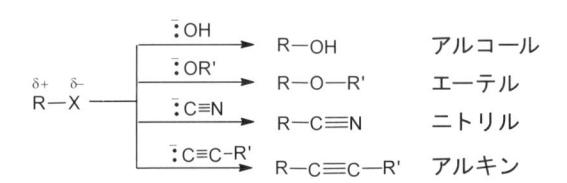

$$R-X \xrightarrow{\begin{array}{l}:OH^- \\ :OR'^- \\ :C \equiv N^- \\ :C \equiv C-R'^-\end{array}} \begin{array}{l} R-OH \quad アルコール \\ R-O-R' \quad エーテル \\ R-C \equiv N \quad ニトリル \\ R-C \equiv C-R' \quad アルキン \end{array}$$

これらの求核置換反応を用いて，さまざまな化合物を合成することができるので，ハロゲン化アルキルは反応の原料としてよく用いられる．求核置換反応の反応機構は7.4節で学ぶ．

b. 脱ハロゲン化水素

ハロゲン化アルキルに t-ブトキシド（$(CH_3)_3CO^-$）のような塩基を反応させると，ハロゲン化水素が脱離してアルケンが得られる（6.2a節）．脱ハロゲン化水素の反応機構は7.5節で学ぶ．また，脱離反応は求核置換反応と競合して起こり，ハロアルカンの構造と塩基の種類が異なると，反応の結果にも大きな違いが生じる．このことについては，7.6節で解説する．

---

1) 求核置換反応が進行するRの構造には制約がある（7.6節）．

c. Grignard 試薬の生成

ハロゲン化アルキル（R-X）を無水エーテル中でマグネシウムと反応させると，Grignard 試薬[1]とよばれるハロゲン化アルキルマグネシウム（R-MgX）が得られる．Mg の電気陰性度は炭素に比べて小さいので，C-Mg 結合は通常の有機化合物の分極の様式とは逆になり，炭素が負電荷を帯びた $C^{\delta-}-Mg^{\delta+}$ のような分極構造になる（4.1 節）．このため Grignard 試薬は炭素求核剤として働き，種々の反応に用いられる（8.2e 節）．

$$\overset{\delta+\ \delta-}{R-X} \xrightarrow[\text{無水エーテル}]{Mg} \overset{\delta-\ \delta+}{R-MgX}$$

X = Cl, Br, I

7.4 求核置換反応の機構：S_N1 反応と S_N2 反応

ハロゲン化アルキルは $C^{\delta+}-X^{\delta-}$ のように分極しており，種々の求核剤による置換反応が進行することを 7.3a 節で示した．この求核置換反応におけるハロゲン化物イオンのように，求核剤の攻撃により起こるヘテロリシスで，電子対を受け取って炭素から離れる原子あるいは原子団を脱離基（leaving group）という．一般に良い脱離基は強い酸の共役塩基であることが多く，アニオンとして安定なハロゲン化物イオンの他，スルホナート基（$R-SO_3^-$）などが挙げられる．また，オキソニウムイオン（H_3O^+）がプロトンと水に解離しやすいのと同様に，$C-OH_2^+$ から水が解離しやすく，水は良い脱離基として働く．このような水の脱離を利用した反応の例として，アルコールの脱水反応（6.2b 節，6.3b 節）やアルコールのハロゲン化反応（7.2c 節，8.3b 節）がある．アルコールのヒドロキシ基（-OH）自体は，中性の水がプロトンと水酸化物イオンに解離しにくいのと同様に，あまり良い脱離基ではない．

典型的な求核置換反応は，反応経路の違いにより S_N1 反応と S_N2 反応の二つに大別される．S_N は置換反応（substitution）で求核型（nucleophilic）であることを意味し，それぞれの英語の頭文字を組み合わせたものである．添字の 1 と 2

$$R-L\ +\ :Nu\ \longrightarrow\ R-Nu\ +\ :L$$

求核剤　　　　　　　　　　　脱離基

---

[1] 有機金属化合物の有機合成における有用性を発見した Victor Grignard は 1912 年にノーベル賞を受賞した．

7.4 求核置換反応の機構

が反応機構の違いを意味しているが，それぞれについて順次説明していく．

a. S_N2 反応

臭化アルキル（R–Br）と水酸化物イオン（OH⁻）との反応によるアルコールの生成を使って，S_N2 反応の反応機構を説明する．S_N2 反応では反応は1段階で進行する．求核剤である OH⁻ は C–Br 結合の背面から攻撃する．反応の途中で酸素–炭素結合ができはじめると同時に，臭素が離れはじめるというような五配位の**遷移状態**[1]（transition state）を経由する．さらに反応が進行すると Br⁻ が離れて，酸素–炭素結合が形成される．

五配位の遷移状態

このような機構で反応が進行する場合，出発の臭化アルキルと求核剤である水酸化物イオンの出会いが必要であり，その反応の速度は臭化アルキルと水酸化物イオンの両方の濃度に依存する．お互いの濃度が濃いほど出会いの回数が増え反応速度が速くなる．このように反応の速度に出発物質と求核剤の2分子両方が関係している求核置換反応を S_N2 反応という．

S_N2 反応では，求核剤の背面からの攻撃により生成物の立体配置は反転する．たとえば，(S)-2-ブロモブタンをエタノール溶媒中で KOH と反応させると，(R)-2-ブタノールが得られる．また，求核剤の背面攻撃の際に，攻撃を受ける炭素の置換基の数が少ないほど近づきやすく，多い程近づきにくくなると考えられる．実際，ハロゲンをもつ炭素上のアルキル基が一つである第一級臭化アルキ

(S)- 2-bromo-butane   (R)- 2-butanol

第一級臭化アルキルの背面は空いている　　第三級臭化アルキルの背面は混んでいる

---

1) 遷移状態は，反応の原系から生成系にいたる過程で，反応系のエネルギーが最も高い山の頂点にある状態．

ルで S_N2 反応の反応速度が最も速く，アルキル置換基が三つの第三級臭化アルキルでは S_N2 反応はほとんど進行しない．

b. S_N1 反応

臭化アルキル（R−Br）の水中での加水分解反応によるアルコール生成を使って，S_N1 反応の反応機構を説明する．S_N1 反応では反応は 2 段階で進行する．第 1 段階では，臭化アルキルが極性溶媒である水に取り囲まれることによりイオン化状態が安定化され，ヘテロリシスによるイオン解離がゆっくり進行する（4.3 節，4.5 節）．次に第 2 段階では，第 1 段階でイオン解離により生じたカルボカチオン中間体[1]（intermediate）に対し，求核剤である水が速やかに結合を形成し，続いて速やかにプロトンがはずれて生成物を与える．

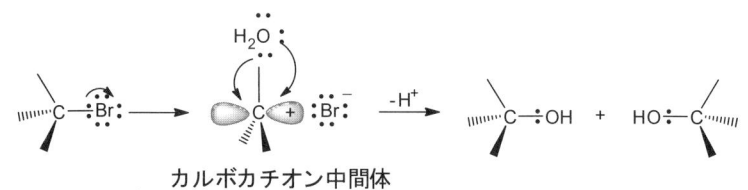

カルボカチオン中間体
(sp^2 混成で正電荷は空の 2p 軌道上にある)

このような機構で反応が進行する場合，カルボカチオン中間体を形成する反応が遅いのに対し，一旦生成したカルボカチオンは不安定で速やかに水と結合を形成するので，第 1 段階目の反応速度が全体の反応速度を決める．このようなの全体の反応速度を決める段階を律速段階（rate determining step）という．臭化アルキルの加水分解の律速段階では，出発物質の臭化アルキルだけが反応に関与し，求核剤である水は大過剰で反応の速度には影響しないので，このような 1 分子の濃度で反応速度が決まる求核置換反応を S_N1 反応という．

カルボカチオン中間体は sp^2 混成状態（6.3a 節）で平面構造をとるので，求核剤は空の 2p 軌道に対してどちらからでも攻撃できる．その結果，S_N2 反応では立体が反転するのに対し，S_N1 反応では立体が保持された生成物と立体が反転した生成物が 1:1 で生成する．たとえば，(S)-3-ブロモ-3-メチルヘキサンを水とアセトンの混合溶媒で加水分解すると，3-メチル-3-ヘキサノールの R 体と S 体が 1:1 のラセミ体として得られる．またカルボカチオンはアルキル置換基の数

---

[1] 中間体は，反応の原系から生成系にいたる過程で，途中で生成する準安定な生成物であり，反応系のエネルギーで見た場合に，途中の谷底にあたる状態．

が多いほど安定化されるので，第三級ハロゲン化アルキルのヘテロリシスから生じる第三級カルボカチオンは比較的発生しやすいが，第一級のカルボカチオンは通常極めて発生しにくい（4.3節）．そのため，S_N1反応は第三級ハロゲン化アルキルではよく起こるが，第一級ハロゲン化アルキルではほとんど起こらない[1]．

(S)-3-bromo-3-methyl hexane → (S)-3-methyl-3-hexanol + (R)-3-methyl-3-hexanol

7.5 脱離反応の機構：E1反応とE2反応

ハロゲン化アルキルの求核置換反応に用いる求核剤は，プロトンを引き抜く塩基として作用することもある．この場合，結果的にハロゲンも外れる脱離反応が進行しアルケンを生成する（6.2a節）．求核置換反応と同様に，脱離反応の機構もE1反応とE2反応の二つに大別される．Eは脱離反応（elimination）の英語の頭文字からとり，1と2は全体の反応速度の決定に関与する分子の数を表す．

a. E2反応

S_N2反応では，ハロゲン化アルキルと水酸化物イオンの反応でアルコールができると説明したが，この反応を第三級ハロゲン化アルキルである塩化 t-ブチルで行うと，置換反応ではなく脱ハロゲン化水素が起こり，2-メチル-1-ブテンを与える．これは，C-Cl結合の背面が混んでいるためにS_N2反応は起こりにくく，またカルボカチオンを経由してS_N1反応が起こる前に，水酸化物イオンが塩基として働き，プロトンを引き抜く方が速いために起こる．この反応の速度は出発物質である塩化t-ブチルと塩基である水酸化物イオンの両方の濃度に依存しており，2分子が関与するE2反応になる．

ハロゲン化アルキルのE2反応の遷移状態では，塩基がプロトンを引き抜きか

---

1) 第一級カルボカチオンでもアリルカチオンやベンジルカチオンなど共鳴安定化を受ける場合は，S_N1反応が進行する場合がある．

アリルカチオン

ベンジルカチオン

けると同時にハロゲンの脱離も進行し，炭素-炭素二重結合も形成され始めている．この二重結合性のため，脱離に関与しているH-C-C-Xの四つの原子は遷移状態でも同一平面内にある．さらに，HとXがアンチの位置にある方が，重なり型のシンの位置にあるより安定な配座になるので，アンチの配座から脱離が進行する．たとえば，meso-2,3-ジブロモブタンのE2反応では，(E)-2-ブロモ-2-ブテンのみ生成する．

meso-2,3-dibromobutane

b. E1反応

臭化 t-ブチルをメタノールに溶解して反応を行うと，S_N1 反応の生成物である 2-メトキシ-2-メチルプロパンに加えて，脱ハロゲン化水素を受けた 2-メチルプロペンも生成する．この反応では，S_N1 反応の機構と同様に臭化物イオンの脱離により一旦カルボカチオン中間体を生成するが，S_N1 反応に競合して脱プロトン化も進行し，脱離生成物を与える．律速段階はカルボカチオンの生成のところで，2段階目のプロトン脱離の速度はアルコールによる求核攻撃と同程度に速い．このように出発物質のみの濃度が反応速度に関与する脱離反応は E1 反応とよぶ．

$(CH_3)_3CBr \xrightarrow{CH_3OH} (CH_3)_3COCH_3 + (CH_3)_2C=CH_2$

カルボカチオン中間体　　　　　　S_N1反応の生成物

　　　　　　　　　　　　　　　　E1反応の生成物

7.6　求核置換反応と脱離反応の起こりやすさ

　ここまで見てきたように，S_N1，S_N2，E1，E2の各反応がどのようなときに起こりやすいかは，いくつかの要因が重なって決まる．以下にその概略をまとめる．

a. 第一級ハロゲン化アルキル

　第一級ハロゲン化アルキルの場合，カルボカチオン中間体の安定性が十分でなくカチオンは発生しないので，S_N1，E1反応は起こらず，S_N2かE2反応だけが起こりうる．通常はS_N2反応が起こりやすいが，t-ブトキシド（$(CH_3)_3CO^-$）のようにかさ高く強い塩基を用いるとE2反応が主反応になる．

$CH_3CH_2CH_2CH_2Br$
　　$\xrightarrow{CH_3CH_2O^-Na^+}$ $CH_3CH_2CH_2CH_2OCH_2CH_3$（$S_N2$反応の生成物）90%
　　$\xrightarrow{(CH_3)_3CO^-K^+}$ $CH_3CH_2CH=CH_2$（E2反応の生成物）85%

b. 第二級ハロゲン化アルキル

　S_N1，S_N2，E1，E2反応のすべてが起こりうる．反応剤の求核性や塩基性により，優先される反応機構が異なる．求核性は一般に中性分子よりアニオンの方が強い．また，周期表で族が同じである場合は下方に行くほど強く，同一周期内では左にある元素の方が強い．一方，水酸化物イオンやアルコキシド（RO^-）は塩基性も強い．一般に塩基性が強くなく（すなわち酸の共役塩基でアニオンとして安定で）求核性が高いI^-やCN^-などではS_N2反応が有利になり，塩基性も求核

性も弱い水やアルコールなどの極性溶媒中の反応では S_N1 反応が有利になる．これに対し強塩基を用いると E2 反応が起こりやすくなる傾向にある．

c. 第三級ハロゲン化アルキル

置換反応では S_N1 だけが起こるが，脱離反応では E1，E2 両方の可能性がある．7.5b 節で説明したように，臭化 t-ブチルに求核性の低いアルコールだけを用いて反応を行うと，S_N1 と E1 が競合して起こる．一方，7.5a 節で説明したように強塩基を用いると E2 反応が有利になる．

まとめ

① ハロゲン化アルキルは求核剤による攻撃を受けやすく，**求核置換反応**が進行する．
② 求核置換反応の機構には **S_N1 反応**と **S_N2 反応**の二つがある．
③ S_N2 反応では求核剤が**脱離基**の背面を攻撃し，**五配位の遷移状態**を経由して置換反応が 1 段階で進行する．
④ S_N1 反応では，まず 1 段階目で脱離基のイオン解離により**カルボカチオン中間体**をゆっくり形成し，2 段階目でカルボカチオンと求核剤が速やかに結合を形成する．
⑤ **脱離反応**の機構には **E1 反応**と **E2 反応**の二つがある．
⑥ ハロゲン化アルキルの E2 反応では，脱ハロゲン化水素が 1 段階で進行し，アルケンを生成する．
⑦ 第三級のハロゲン化アルキルを極性溶媒に溶かすと，カルボカチオン中間体を経由して，置換反応と脱離反応が競合して進行する．このような 2 段階の脱離反応を E1 反応という．
⑧ 第一級のハロゲン化アルキルでは，S_N1 反応や E1 反応は起こらず，S_N2 反応か E2 反応が進行する．

問題

[1] 次の化合物の IUPAC 名を書け．光学異性体は考えなくてよい．

a) $CH_3CH_2CH_2CH_2Cl$

b) $(CH_3)_2\overset{Br}{C}CH_2CH_3$

c) $CH_2=CCl_2$

d) F に結合した $(CH_3)_2CH$

e) Cl と Br を持つ分岐鎖化合物

[2] 次の化合物の構造式を書け．光学異性体は考えなくてよい．
   a) C_3H_7Cl の分子式をもつ第一級クロロアルカン．
   b) C_4H_9Br の分子式をもつ第二級ブロモアルカン．
   c) $C_5H_{11}I$ の分子式をもつ第三級ヨードアルカン．
[3] 次の化合物を S_N2 反応に対する反応性が高い順に，それぞれ並べよ．
   a) 1-ブロモペンタン，2-ブロモペンタン，2-ブロモ-2-メチルブタン．
   b) ブロモシクロヘキサン，ブロモベンゼン，1-ブロモヘキサン．
   c) 1-ブロモ-2,2-ジメチルプロパン，1-ブロモ-2-メチルプロパン，1-ブロモプロパン．
[4] 次の化合物を S_N1 反応に対する反応性が高い順に，それぞれ並べよ．
   a) $CH_3CH_2CH_2Cl$，$CH_3CHClCH_3$，$(CH_3)_3CCl$
   b) $CH_3CH_2CH=CHCl$，$CH_3CH=CHCH_2Cl$，$CH_2=CHCH_2CH_2Cl$
   c) C_6H_5Cl，$C_6H_5CH_2Cl$，$(C_6H_5)_2CHCl$
[5] 次の反応の機構は S_N1 反応，S_N2 反応，E1 反応，E2 反応のいずれかを示せ．
   a) 臭化 t-ブチルをメタノール中で加熱したところ，t-ブチルメチルエーテルが得られた．
   b) 1-ヨードプロパンを t-ブチルアルコール中でカリウム t-ブトキシドと反応させたところ，プロペンが得られた．
   c) 1-ブロモブタンをエタノール中でナトリウムエトキシドと反応させたところ，ブチルエチルエーテルが得られた．
   d) 2-メチル-2-プロパノールを硫酸と加熱したところ，2-メチルプロペンが得られた．

◆ 8 ◆
アルコールとエーテル

　アルコールは水分子の水素原子の一つがアルキル基に置き換わった構造（R−OH）をしており，エーテルは水の二つの水素原子がともに炭化水素基に置き換わった構造（R−O−R'）をしている．アルコールはヒドロキシ基（−OH）とアルキル基をあわせもつため，水とアルカンの両方に類似した性質を示す．一方，エーテルは，アルコールと同様，酸素を含む化合物であるが，ヒドロキシ基をもたないため反応性に乏しい．本章ではアルコールとエーテルの性質と反応について学ぶ．

8.1 アルコール

　アルコールの系統的な命名法では，ヒドロキシ基のない元の炭化水素の英語名の末尾の e をとり，-ol という接尾語に置き換える．炭素数が 3 個以上のアルコールではアルコールの位置を表す数字が必要になり，その位置が小さくなるように炭素鎖の端から順に番号をつける．慣用名由来の炭化水素基名＋アルコールという命名もよく使われる．

CH_3-OH

methanol methyl alcohol
メタノール メチルアルコール

$CH_3-CH-CH_3$
    $|$
   OH

2-propanol isopropyl alcohol
2-プロパノール イソプロピルアルコール

CH_3CH_2-OH

ethanol ethyl alcohol
エタノール エチルアルコール

   CH_3
    $|$
CH_3-C-CH_3
    $|$
   OH

2-methyl-2-propanol *t*-butyl alcohol
2-メチル-2-プロパノール *t*-ブチルアルコール

　アルコールのヒドロキシ基が結合している炭素の枝分かれの少ない方から順に第一級，第二級，第三級アルコールに分類される．また，ヒドロキシ基の数に応じて 1 価，2 価，3 価……アルコールに分類される．その場合の命名は，ヒドロ

キシ基の数に応じて -ol の替わりに -diol, -triol……を使う.

アルコールの酸素原子は水と同様に sp^3 混成であり，結合は折れ曲がっている（2.5節）．水からメチル基が増えるにしたがい，結合角が広がっているが，これは非共有電子対間と O−H, O−CH_3 各結合間の反発の程度が異なり，メチル基の方がよりかさ高いために起こる現象である．

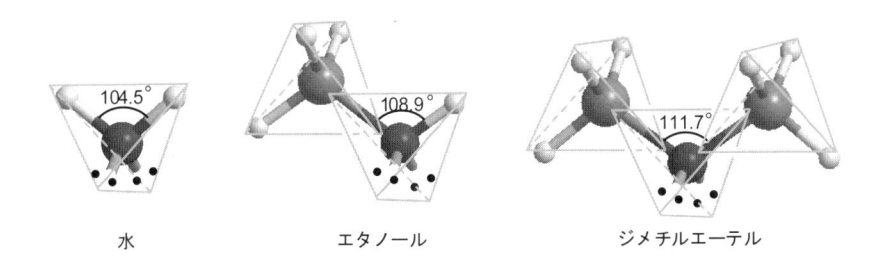

104.5°　　　108.9°　　　111.7°

水　　　エタノール　　　ジメチルエーテル

アルコールは水と同じように強く分極した O−H 結合をもっており，分子間に水素結合が存在している．そのため同程度の分子量をもつアルカンに比べて沸点や融点が高い（表8.1）．また，水素結合の形成は水に対する溶解度にも大きく影響する．炭素数が3までのアルコールは，ヒドロキシ基の影響が相対的に大きく，水と自由に混ざり合う．アルキル基が長くなるとアルキル基の疎水性が優位になり，水への溶解度は減少していく．炭素数が6以上のアルコールでは水に不溶となる．

表8.1　アルコールとアルカンの沸点および融点の比較

構造式	分子量	融点（℃）	沸点（℃）
CH_3OH	32	−97.8	65.0
CH_3CH_3	30	−183.3	−88.6
CH_3CH_2OH	46	−114.7	78.5
$CH_3CH_2CH_3$	44	−187.7	−42.1
$CH_3(CH_2)_2OH$	60	−126.5	97.4
$CH_3(CH_2)_2CH_3$	58	−138.3	−0.5

8.2　アルコールの合成

アルコールを合成する方法については，すでにいくつか学んできた．これらを

含めて要約すると次のようになる.

a. アルケンの水和

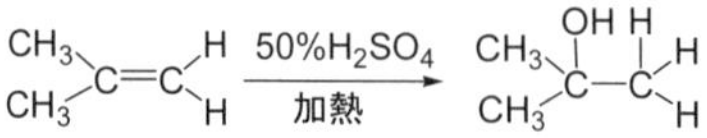

アルケンに50%の硫酸水溶液を反応させると，Markovnikov則に従うアルコールが得られる（6.3b節）.

b. アルケンのヒドロホウ素化－酸化

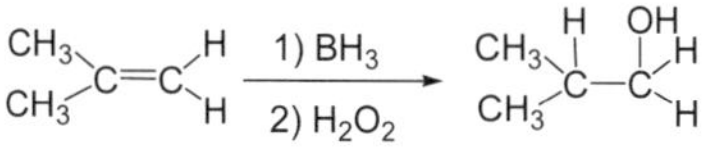

アルケンへのBH_3の付加の後，H_2O_2による酸化により，逆Markovnikov型のアルコールが合成できる（6.3d節）.

c. ハロゲン化アルキルの加水分解

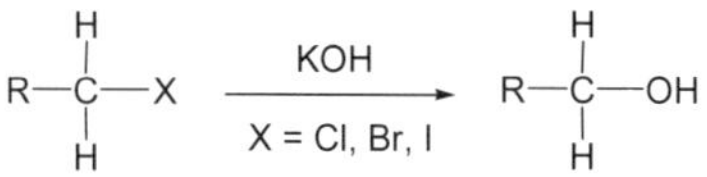

ハロゲン化アルキルに水酸化物イオンを用いて求核置換反応させると，主に第一級ハロゲン化アルキルの場合にアルコールが主生成物として得られる（7.4節，7.5節）.

d. カルボニル化合物のヒドリド還元

アルデヒド，ケトン，カルボン酸，カルボン酸エステルは水素化アルミニウムリチウム $LiAlH_4$[1] によって還元[2]されてアルコールを生成する．これはカルボニル基の分極で正の電荷を帯びた炭素にヒドリドイオン $H:^-$ が求核攻撃することにより起こる（11.5c節）.

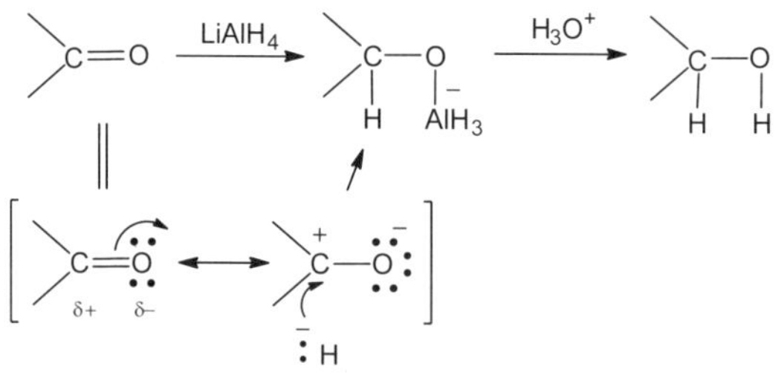

---

[1] アルミニウムは周期表でホウ素の下にあり，ホウ素と同様，価電子数は3である．3本の共有結合をもつときに形式電荷が0になる．

[2] 注目する原子の形式酸化数が減少する反応のことを還元（reduction）という．水素の形式酸化数は+1で酸素は−2であり，カルボニルの水素付加では，炭素に結合する水素の数が増えるため，炭素の形式酸化数は減る．

e. Grignard 試薬とカルボニル化合物との反応

Grignard 試薬（7.3c 節）R–MgX（R は炭化水素基）は，アルデヒド，ケトン，カルボン酸エステルと反応してアルコールを与える．この反応は，単にアルコールの合成ができるというだけでなく，新しい炭素–炭素結合が形成されるので，有機化合物の骨格を組み立てるという観点からも有用な反応である．

反応の機構は，上記のヒドリド還元とよく似ている．Grignard 試薬では，C より Mg の方が電気陰性度が小さく，結合電子対は炭素側にかたよっており，カルボアニオン $C:^-$（$R:^-$）としての性質をもつ（4.1 節）．この $R:^-$ が正の電荷を帯びたカルボニルの炭素に求核攻撃すると同時にカルボニルの π 結合が開裂する．このとき MgX^+ は，カルボニルが開裂してできたオキシド基（O^-）と静電的に結びつく．最後に酸によってオキシド基をヒドロキシ基に変換することにより，アルコールが生成する．

8.3 アルコールの反応

a. ナトリウムとの反応

アルコールにナトリウムを加えると水素を発生しながら，アルコキシド(RO^-)が生成する．アルコキシドは酸素求核剤としての性質に加えて，強い塩基でもあり，種々の反応に用いられる．

$$R\text{-}OH + Na \longrightarrow R\text{-}O^- Na^+ + 1/2 H_2$$

b. ハロゲン化水素との反応

アルコールをハロゲン化水素（HI, HBr, HCl）と反応させると，ハロゲン化アルキルが生成する．この反応の機構は，まずはじめにH^+がヒドロキシ基に付加し，オキソニウムイオン型の中間体（$R-OH_2^+$）が，ごくわずかながら生成する．次にハロゲン化物イオンが求核攻撃して水が脱離し，最終的にハロゲン化アルキルを与える．

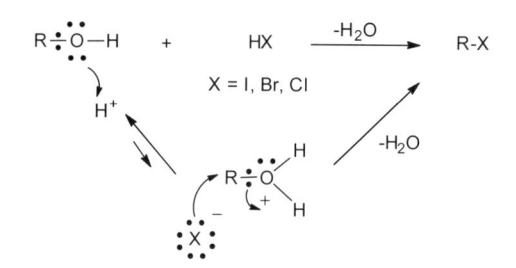

c. ハロゲン化リンおよび塩化チオニルとの反応

アルコールを出発原料としハロゲン化アルキルを合成するもう一つの有効な手段として，ハロゲン化リンおよび塩化チオニルを用いる方法がある．

$$R\text{-}OH + PBr_3 \longrightarrow R\text{-}Br + PO(OH)_3$$

$$R\text{-}OH + PCl_5 \longrightarrow R\text{-}Cl + PO(OH)_3$$

$$R\text{-}OH + SOCl_2 \longrightarrow R\text{-}Cl + SO_2 + HCl$$

d. 脱水反応

アルコールに濃硫酸を反応させて加熱すると，脱水が起こりアルケンが生成す

る．この反応はアルケンの水和反応（6.2b 節，6.3b 節）の逆反応であり，ハロゲン化水素によるハロゲン化と同様，まずはじめに OH 基に H^+ が付加する．その後，第二級アルコールや第三級アルコールでは，よい脱離基である水が外れてカルボカチオンを生成し，E1 機構（7.5 節）で脱離が進行する．第一級アルコールの脱離では E2 機構になる．

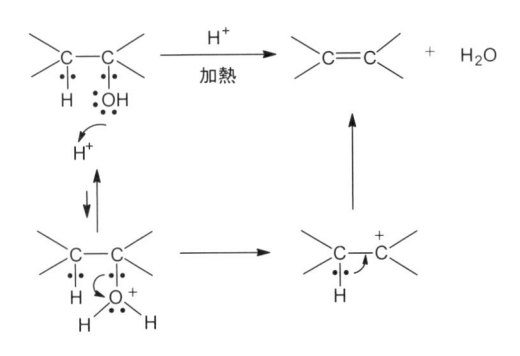

e. エステルの生成

酸触媒存在下，過剰のアルコールをカルボン酸と反応させるとエステルが生成する（12.3b 節）．

$$R\text{-}OH + R'COOH \xrightarrow{H^+} R'COOR + H_2O$$

f. 酸化

アルコールを希硫酸中二クロム酸カリウムと反応させると酸化される．第一級アルコールではアルデヒドを経てカルボン酸が生成し，第二級アルコールではケトンが生成する．第三級アルコールは，ヒドロキシ基のついている炭素に水素がないため通常反応しない．

第一級アルコールの二クロム酸カリウムによる酸化では，アルデヒドで反応を止めるのは難しい．アルコールの酸化でアルデヒドを得るためには，クロロクロム酸ピリジニウム[1]（通称 PCC）という酸化剤を発生させて酸化させればよい．

---

[1] クロロクロム酸ピリジニウム（pyridinium chlorochromate）は CrO_3 と塩酸とピリジンを混ぜて発生させる．

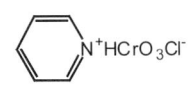

$$RCH_2-OH \xrightarrow{K_2Cr_2O_7} \left[\begin{array}{c} R \\ H \end{array} C=O \right] \xrightarrow{K_2Cr_2O_7} \begin{array}{c} R \\ HO \end{array} C=O$$

第一級アルコール　PCC ↘ $\begin{array}{c} R \\ H \end{array} C=O$

$$\begin{array}{c} R' \\ R \end{array} CHOH \xrightarrow{K_2Cr_2O_7} \begin{array}{c} R' \\ R \end{array} C=O$$

第二級アルコール

8.4　エーテル

　水の二つの水素原子を炭化水素基で置き換えた化合物をエーテルという．また，C－O－C結合をエーテル結合という．エーテルの系統的な命名法では，アルコキシ基（RO－）のついた炭化水素という方法が用いられる．しかし，炭素数が比較的少ないエーテルでは，慣用名由来の炭化水素基を順に並べ最後にエーテルをつけるという手法の方が一般的である．二つの置換基が同一である場合はdi-を使ってまとめる．

　エーテルはアルコールと異なりヒドロキシ基をもたないので，エーテルどうしでは水素結合をつくらない．しかし，水との水素結合は可能であり，抽出の溶媒によく用いられるジエチルエーテルは，水100 ml中に8 g程度溶解する．

$CH_3-O-CH_2CH_3$　　　$CH_3CH_2-O-CH_2CH_3$　　　$CH_3-\underset{\underset{CH_3}{|}}{\overset{\overset{CH_3}{|}}{C}}-O-CH_3$

ethyl methyl ether　　　　diethyl ether　　　　methyl *t*-butyl ether
エチルメチルエーテル　　　ジエチルエーテル　　　*t*-ブチルメチルエーテル

8.5　エーテルの合成と反応

　エーテルは7.3節および7.6節で示したように，ナトリウムアルコキシド（8.3a節）と主に第一級のハロゲン化アルキルとの求核置換反応により合成される．この反応はWilliamsonエーテル合成法とよばれている．

　エーテルは反応性に乏しく，求核剤，塩基，酸化剤，還元剤などを用いても反応しない．そのためジエチルエーテルやテトラヒドロフラン（8.6節）は，非常に反応性が高い有機金属化合物を用いる有機合成反応の溶媒に使用される．

エーテルも，アルコールのハロゲン化水素によるハロゲン化（8.3b 節）と同様に，HI や HBr を用いた強酸性の条件下で加熱すると，オキソニウムイオン型の中間体を生成したのち，ハロゲン化物イオンによる求核置換反応により，アルコールとハロゲン化アルキルが生成する．

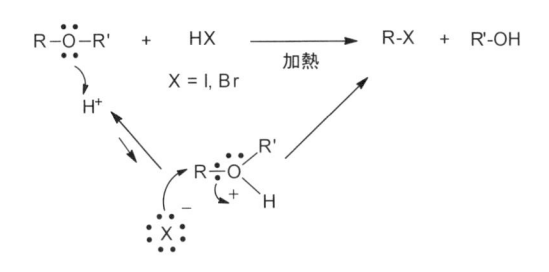

8.6 環状エーテル

環状エーテルの中で最小のものは三員環でエポキシド（epoxide）とよばれる．無置換のエポキシドはエチレンオキシド（またはオキシラン）といい，高いひずみ構造のため，ふつうのエーテルに比べ，特に高い反応性を示す．たとえば，エチレンオキシドは，酸触媒存在下，水と反応してエチレングリコール（1,2-エタンジオール）[1] を与える．その他，Grignard 試薬を反応させ，酸処理すると炭素数が 2 個増えた第一級アルコールが合成できる．

---

[1] エチレングリコール（ethylene glycol）は不凍液や PET などの合成樹脂の原料に使われている．

五員環エーテルであるテトラヒドロフランは，有機金属化合物を用いる反応の溶媒として使用されている．環状構造により酸素原子の非共有電子対が環の外側に張り出している．このためジエチルエーテルなどの非環状エーテルに比べて金属イオンに配位しやすく，有機金属化合物に不活性なだけでなく安定化させることもできる．

テトラヒドロフラン

まとめ

① アルコールは強く分極したヒドロキシ基をもち，**水素結合**を容易に形成する．一方アルキル部は**疎水性**を示す．
② カルボニル基のヒドリドによる還元や Grignard 試薬との反応でアルコールが生成する．
③ アルコールはナトリウムと反応し，**アルコキシドイオン**を生成する．
④ 第一級と第二級のアルコールを酸化するとそれぞれアルデヒドとケトンを与える．
⑤ アルコキシドイオンと第一級のハロゲン化アルキルとの反応によりエーテルが合成できる．(Williamson **エーテル合成法**)
⑥ エーテルは反応性が低い．**テトラヒドロフラン**は有機金属化合物を用いる反応の溶媒として利用されている．

問題

[1] 次の化合物の IUPAC 名を書け．光学異性体は考えなくてよい．

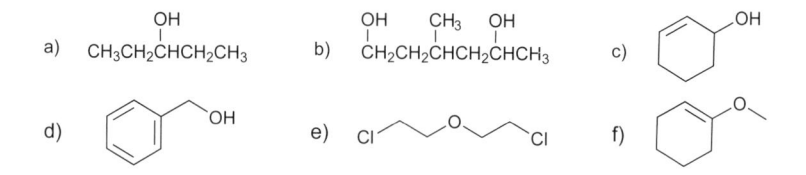

a) $CH_3CH_2CHCH_2CH_3$ (OH) b) $CH_2CH_2CHCH_2CHCH_3$ (OH, CH_3, OH) c) シクロヘキセノール

d) ベンジルアルコール e) $Cl-CH_2CH_2-O-CH_2CH_2-Cl$ f) メトキシシクロヘキセン

[2] 次の化合物の構造式を書け．光学異性体は考えなくてよい．
　a) *trans*-3-メチルシクロヘキサノール

b) 3-(1-メチルエチル)-2-ヘキサノール
c) *p*-ブロモフェニルエチルエーテル
d) 3-ブロモ-2-クロロ-1-ブタノール

[3] 次の反応の主生成物を示せ．

a) 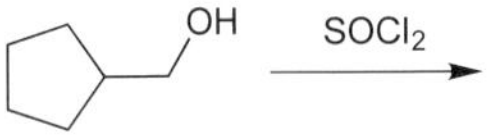 シクロペンチルメタノール + SOCl₂ →

b) 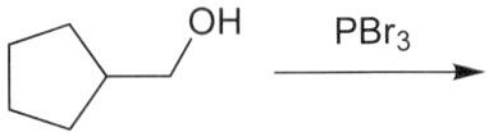 シクロペンチルメタノール + PBr₃ →

c) 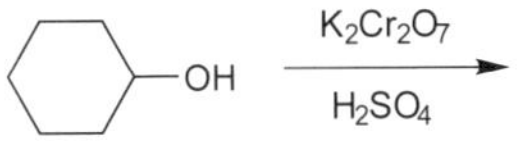 シクロヘキサノール + K₂Cr₂O₇ / H₂SO₄ →

d) 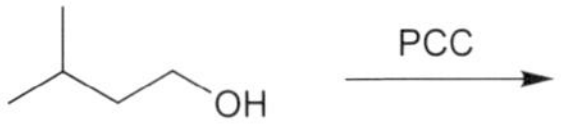 3-メチル-1-ブタノール + PCC →

e) 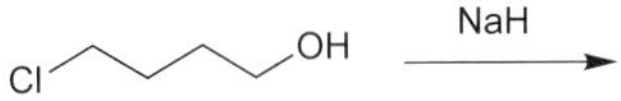 Cl-CH₂CH₂CH₂CH₂-OH + NaH →

[4] 次の化合物を 2-フェニルエタノールから合成するにはどのようにしたらよいか．合成経路を示せ．
　　a) フェニルアセトアルデヒド　　b) エチルベンゼン

[5] 次の反応の生成物を反応機構とともに示せ．

a)  シクロペンテンオキシド + H₂SO₄ / H₂O →

b) 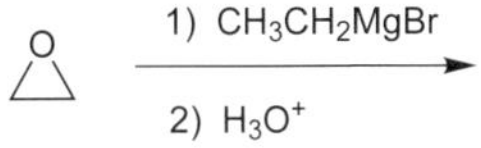 エチレンオキシド + 1) CH₃CH₂MgBr 2) H₃O⁺ →

9

ベンゼンと芳香族炭化水素

　芳香族炭化水素（アレーン）は不飽和結合を含み，脂肪族化合物とは異なる性質を示す．本章では最も基本となるベンゼンの構造や電子的特徴を理解し，それに基づくいろいろな反応性を学ぶ．

9.1　芳香族炭化水素の構造

　ベンゼン[1]は分子式 C_6H_6 の無色透明の液体である．香料の一種であるベンゾイン樹脂（安息香）に由来して名づけられた．さまざまな芳香をもつベンゼンの誘導体が香料から単離されており，ベンゼンおよびその誘導体は芳香族化合物（aromatic compound）とよばれている．

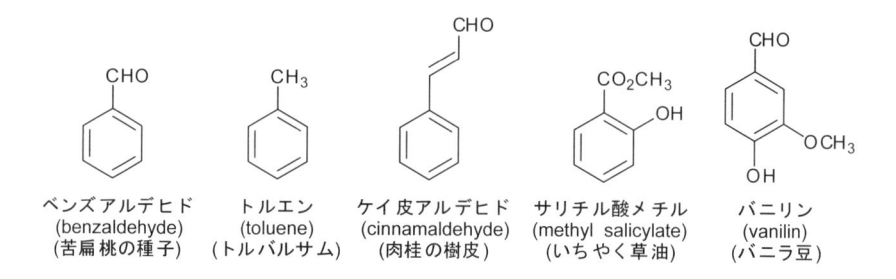

ベンズアルデヒド	トルエン	ケイ皮アルデヒド	サリチル酸メチル	バニリン
(benzaldehyde)	(toluene)	(cinnamaldehyde)	(methyl salicylate)	(vanilin)
(苦扁桃の種子)	(トルバルサム)	(肉桂の樹皮)	(いちやく草油)	(バニラ豆)

　ベンゼンの C_6H_6 という分子式からは，六員環に三つの二重結合と一重結合とが交互に存在するシクロヘキサトリエンの構造が予想されるが，実際はすべての結合の長さが等しい六員環構造である．しかも，アルケンのように過マンガン酸溶液を脱色せず，また付加反応も容易に起こさない（6.3節）．
　2個以上のベンゼン環が縮合した化合物（縮合多環式芳香族化合物）も，

---

1) ベンゼンは1825年，イギリスの有名な化学者ファラデー（M. Faraday）によって発見された．
2) Hückel則（Hückel rule）：環状共役ポリエンに含まれるπ電子数が $(4n+2)$ 個である場合，芳香族性を示す．ベンゼンは6π電子系（$n=1$）であり，ナフタレンは10π電子系（$n=2$）の芳香族化合物である．

Hückel則[2)]に従って芳香族性が適用できる安定な分子である．以下に示したナフタレン，アントラセン，フェナントレンがその例である．

ナフタレン　　　　　アントラセン　　　　　フェナントレン

9.2　ベンゼン誘導体の命名法

多くのベンゼン誘導体が古くから知られており，次に示すような慣用名が用いられている．これらは IUPAC 命名法では置換ベンゼンとして命名される．たとえば，トルエンはメチルベンゼンとなる．

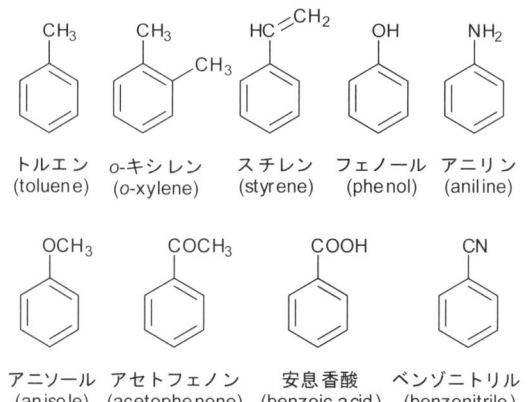

トルエン　　o-キシレン　　スチレン　　フェノール　　アニリン
(toluene)　(o-xylene)　(styrene)　(phenol)　(aniline)

アニソール　アセトフェノン　安息香酸　　　ベンゾニトリル
(anisole)　(acetophenone)　(benzoic acid)　(benzonitrile)

二置換ベンゼンには3種類の異性体がある．二つの置換基の相対位置を示すのに，位置番号を用いる命名法と，オルト (*ortho*)，メタ (*meta*)，パラ (*para*) の記号を使う命名法が用いられる．オルト，メタ，パラはしばしば $o-,\ m-,\ p-$ と省略される．たとえば，キシレンには次頁の3通りがある．1,2異性体は1,6異性体ともいえるが，命名の際には番号ができるだけ小さくなるようにする．

ベンゼン環が置換基である場合は，C_6H_5- 単位に対しフェニル（phenyl）基という名称が用いられ，$C_6H_5CH_2-$ にはベンジル（benzyl）基が用いられる．芳香族化合物が置換基であるときはアリール（aryl）基という名称が用いられる．

1,2-ジメチルベンゼン
（o-キシレン）

1,3-ジメチルベンゼン
（m-キシレン）

1,4-ジメチルベンゼン
（p-キシレン）

9.3 芳香族求電子置換反応

　アルケンは付加反応を起こしやすく，濃硫酸と混ぜるとすぐに求電子付加反応で硫酸エステルに変わる．一方，ベンゼンは濃硫酸と混ぜただけでは反応を起こさないように見える．しかし，実際には反応が起こっていないのではない．たとえば，ベンゼンを重水素化した濃硫酸（D_2SO_4）と混ぜると，ベンゼン環に結合した水素が重水素で置き換えられる．ベンゼンでは付加反応ではなく置換反応が起こりやすいのである．この性質は次のように説明される．ベンゼンはアルケンと同様に，求電子剤であるデュウテロン（重水素イオン，D^+）の求電子攻撃を受けてカルボカチオン中間体（σ錯体，σ complex）を生成する．このカルボカチオン中間体は，芳香族性を失うが，プロトン（H^+）を放出すれば，安定な芳香環が再生する．

　芳香環の水素が求電子剤で置換される反応を芳香族求電子置換反応といい，以下のような置換反応が知られている．

a. 臭素化 (bromination)

　アルケンとは異なり，ベンゼンは混ぜただけでは臭素（Br_2）と反応しない．しかし，Lewis酸触媒である$FeBr_3$とともにベンゼンとBr_2を加熱すると反応が起こり，臭化水素を発生してブロモベンゼンが生成する．この反応では最初に$FeBr_3$とBr_2との反応により$Br^+ \cdot FeBr_4^-$が形成され，これはBr_2に比べて求電子性が大きいので，ベンゼンと反応してカルボカチオン中間体（σ錯体）が生じる．この中間体からプロトンが放出されると再び芳香環が形成される．このとき

$FeBr_4^-$ の錯イオンはプロトンを受けとる働きをする．塩素やヨウ素も，同様にベンゼンへの求電子置換反応を起こす．

b. ニトロ化 (nitration)

濃硝酸と濃硫酸との混合物にベンゼンを加えて 60～70 ℃ に加熱すると，ニトロベンゼンが生じる．この反応の求電子剤は，ニトロニウムイオン（NO_2^+）である．このニトロニウムイオンは，強酸である濃硫酸から硝酸がプロトンを受けとり，次に水が脱離することにより生じる．

$$2\,H_2SO_4 + HNO_3 \longrightarrow \overset{+}{O}=N=O + H_3O^+ + 2\,HSO_4^-$$

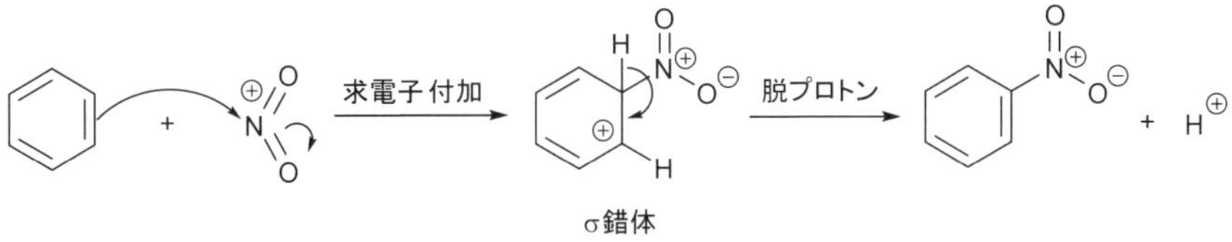

同様に濃硝酸と濃硫酸との混合物を用いて，トルエンをニトロ化すると 2,4,6-トリニトロトルエンが生成する．フェノールをニトロ化するとピクリン酸が生成する．これらのポリニトロ化合物は衝撃により爆発しやすいので爆薬として用いられている．

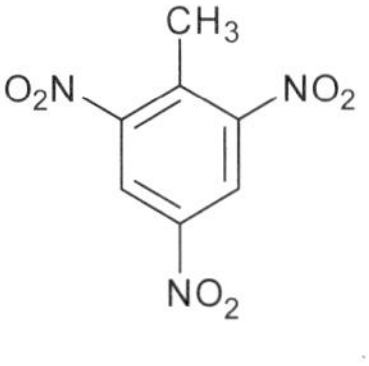

2,4,6-トリニトロトルエン

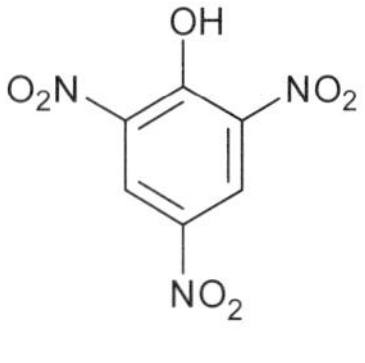

ピクリン酸

c. Friedel–Crafts 反応によるアルキル化とアシル化

ベンゼンは三塩化アルミニウム（$AlCl_3$）が存在すると，クロロアルカンと反応してアルキル化される．たとえば，ベンゼン，2-クロロプロパンおよび三塩化アルミニウムを混ぜて加熱すると，イソプロピルベンゼンが得られる．この反応は，最初に三塩化アルミニウムが 2-クロロプロパンに対して Lewis 酸として働き，2-クロロプロパンから塩素アニオンを受けとり，カルボカチオンと四塩

化アルミニウムアニオンの塩を生じる．求電子試薬であるカルボカチオンがベンゼンのπ電子を攻撃する．生成したイソプロピルベンゼンはクメン（cumen）とよばれ，フェノールの工業的製法（クメン法）の原料として重要である（10.1a 節）．

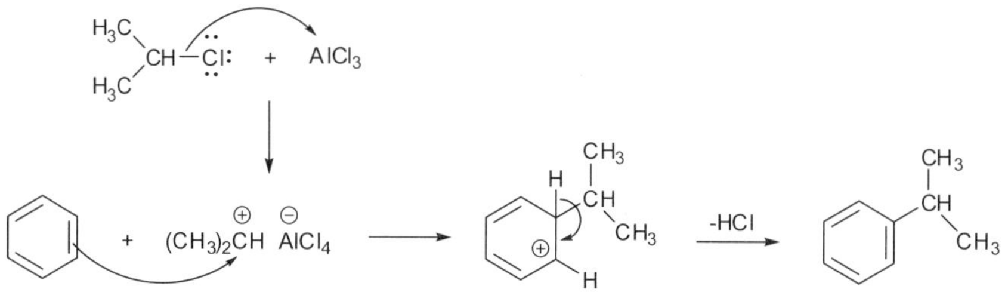

クロロアルカンのかわりに，カルボン酸塩化物を用いるベンゼンのアシル化も知られている．三塩化アルミニウムが Lewis 酸として働き，塩化アセチルから塩素アニオンを受けとって，求電子剤となる錯体（アセチリウムイオン）が形成される．生成物であるアセトフェノンに，Wolff–Kishner 還元や Clemmensen 還元を行うとエチルベンゼンが生成する（11.5 節）．

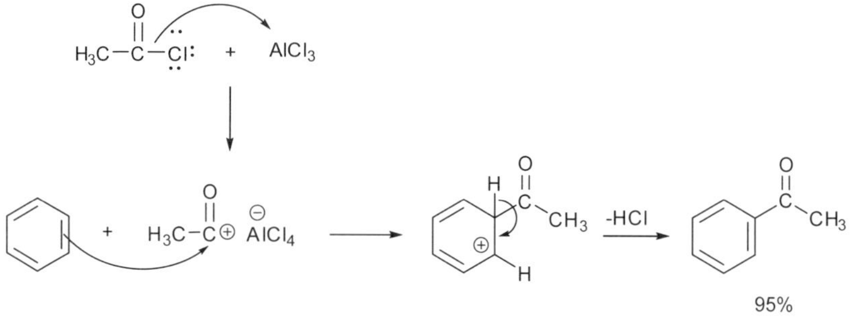

d. スルホン化

ベンゼンが濃硫酸または発煙硫酸（$SO_3 + H_2SO_4$）と反応すると，ベンゼンスルホン酸を生成する．このスルホン化の求電子剤は SO_3 で，求電子剤の生成，求電子付加，脱プロトンの順に反応が進行する．ベンゼンスルホン酸は吸湿性の強酸であるから，通常中性のナトリウム塩[1]に変えてから結晶化させる．

---

[1] スルホン酸ナトリウムが水によく溶けることを利用して，スルホン化することにより，水に不溶な炭化水素を水に可溶な誘導体に変えることができる．長鎖アルキルをもつベンゼンスルホン酸のナトリウム塩は合成洗剤として利用されている．

9.4 求電子置換反応の配向と活性化効果

一置換ベンゼンへの求電子置換反応における置換反応が起こる位置は，*o*-，*m*- および *p*-位の3種類がありうる．*o*-，*m*-および *p*-位のいずれにも等しい確率で置換反応が起これば，異性体の生成比は40％，40％，20％となるはずである．しかし，最初に存在する置換基の種類によって生成する *o*-，*m*-，*p*-位の異性体の生成比が異なる．

また，存在する置換基の種類によって変わるのは，置換が起こる位置のみではなく，置換反応の速度も大きく変わる．ベンゼンの速度を基準としてベンゼンの一置換体をニトロ化したときの反応速度を表9.1に示す．電子求引性の置換基をもつとニトロ化の速度は遅くなり，電子供与性の置換基をもつベンゼンの反応速度は速くなっているのがわかる．

一置換ベンゼンの反応速度がベンゼンに比べて速くなるとき，その置換基はベンゼン環を活性化しているといい，逆に遅くなるときには不活性化しているとい

表9.1 芳香族化合物に対するニトロ化の速度の比較

化合物	置換基	反応速度比	化合物	置換基	反応速度比
フェノール	$-OH$	1.0×10^3	クロロベンゼン	$-Cl$	3.0×10^{-2}
トルエン	$-CH_3$	2.5×10	安息香酸	$-COOH$	4.0×10^{-3}
ベンゼン	$-H$	1.0	ニトロベンゼン	$-NO_2$	6.0×10^{-8}

う．o-位およびp-位における生成物がメタ位の生成物に比べて多いとき，その置換基がオルト・パラ配向性をもつといい，m-位での生成物が主生成物になるとき，その置換基がメタ配向性であるという．一置換ベンゼンの置換基による反応の効果とo-，m-，p-位での反応の起こりやすさを表9.2に示す．このようにオルト・パラ配向性で反応を活性化する置換基，オルト・パラ配向性で反応を不活性化する置換基，およびメタ配向性で反応を不活性化する置換基の三つに分類される．

表9.2 置換ベンゼンの求電子置換反応における置換基効果

反応性	活性化効果	不活性化効果	
	o-, p-配向	o-, p-配向	m-配向
↑	NR$_2$	I	CHO
	OH	Br	CO$_2$R
	OR	Cl	COOH
	R	F	SO$_3$H
			COCH$_3$
			CF$_3$
			CN
			NO$_2$

9.5　σ錯体の安定性

　置換反応の中間体であるσ錯体の安定性の比較から，一置換ベンゼンに対する置換反応の配向を予想することができる．たとえばフェノールに対する置換反応の場合，中間体であるσ錯体は次に示す極限構造式からなる共鳴混成体である．o-およびp-位置換のσ錯体はそれぞれAおよびBのような極限構造式の寄与があるので，このような極限構造をとることができないm-位置換のσ錯体より安定である．したがって，ヒドロキシ基のような電子供与性基があると，o-および，p-位置換がm-位置換に比べて優先して起こる．

　一方，ニトロ基やカルボニル基のような電子求引基が結合している場合のσ錯体では，描かれる極限構造の中で，o-およびp-位置換のσ錯体ではCやDの極限構造が著しく不安定になる．そこで，このような極限構造をとりえないm-位での置換反応が優先する．

　ハロゲンが置換したベンゼンでは，ハロゲンの強い電子求引性の誘起効果によりσ錯体が不安定になるため，反応は起こりにくくなる．しかし，ハロゲン原子は電子供与性の共鳴効果をもつので，o-およびp-位置換のσ錯体が安定化され

9.5 σ錯体の安定性

o-位置換のσ錯体

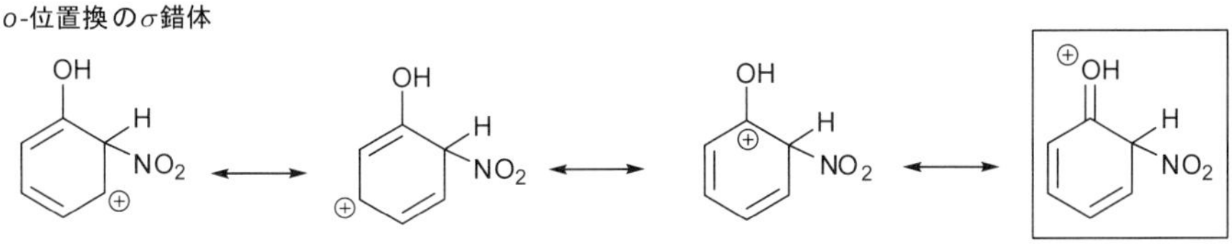

m-位置換のσ錯体

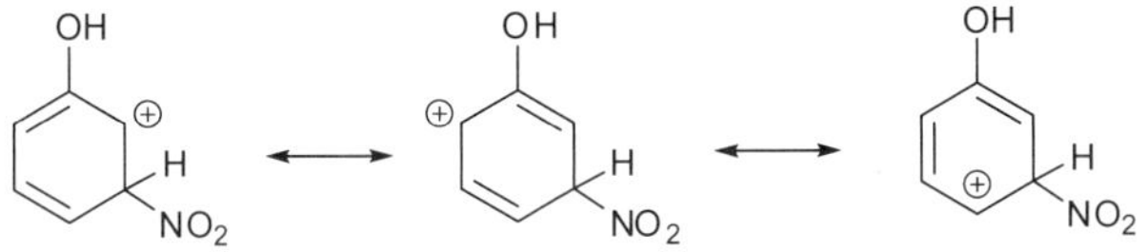

p-位置換のσ錯体

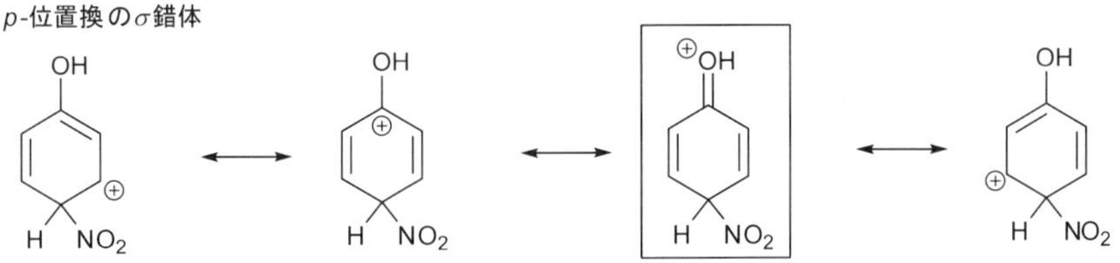

o-位置換のσ錯体

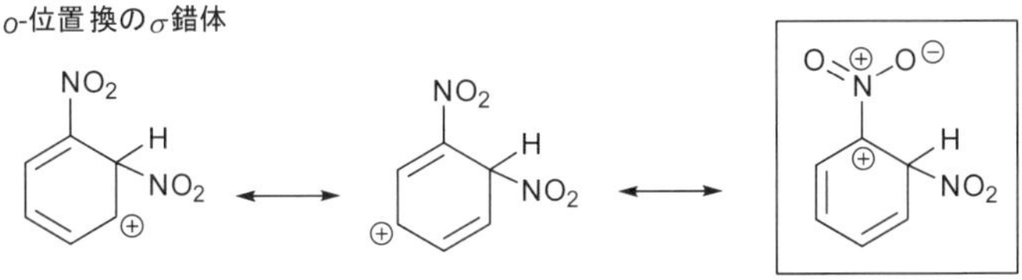

m-位置換のσ錯体

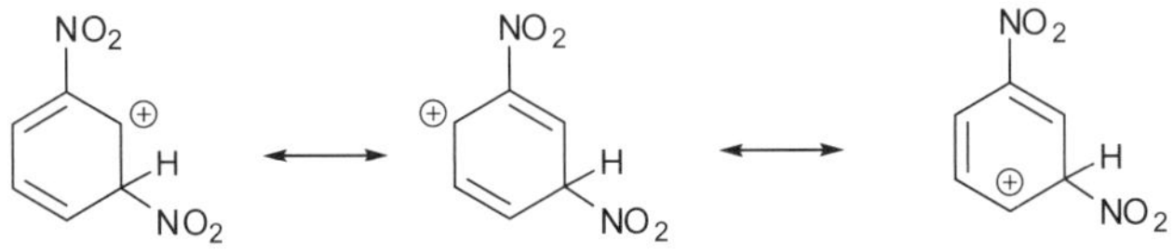

p-位置換のσ錯体

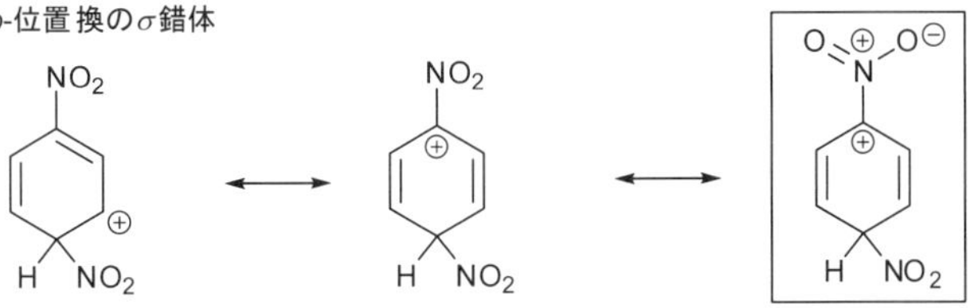

る．したがって，ハロゲンが置換したベンゼンの置換反応はオルト・パラ配向になる．

共鳴効果による o- および p- 置換体の共鳴安定化

まとめ

① ベンゼンは芳香族化合物の一つで，六つの sp^2 混成した炭素と六つの水素から構成される平面六員環化合物である．
② 一置換ベンゼンの 2,6-位はオルト（o-）位，3,5-位はメタ（m-）位，4-位はパラ（p-）位と呼ばれる．
③ ベンゼンでは，通常のアルケンと異なり，付加反応ではなく芳香族求電子置換反応が進行しやすい．主に臭素化，ニトロ化，スルホン化，Friedel-Crafts 反応などが知られている．
④ ベンゼン誘導体の芳香族求電子置換反応は，求電子剤がベンゼン環上の炭素を攻撃し，いったんカルボカチオン中間体を生成して芳香族性を失うが，その後プロトンの脱離により芳香族性を回復する反応である．
⑤ 一置換ベンゼンへの芳香族求電子置換反応は，ベンゼン環上に存在する置換基の電子的効果によりその配向が左右され，電子供与性の置換基およびハロゲンの場合，オルト・パラ配向性，電子求引性の置換基の場合，パラ配向性となる．

問題

[1] 次の化合物について，可能なすべての異性体の構造式と名称を示せ．
　　a) ジブロモベンゼン　　b) ジニトロフェノール
　　c) C_7H_7Cl の分子式をもつすべての芳香族化合物
[2] ベンゼンと CH_3COCl との Friedel-Crafts 反応に含まれるすべての段階を，反応機構を用いて詳細に示せ．
[3] $AlCl_3$ 触媒を用いる，ベンゼンと 2-クロロ-2-メチルプロパンの反応により，t-ブチルベンゼンが生成する反応の機構を記せ．
[4] 次の物質がモノスルホン化されたときの主生成物を予測せよ．また，どの物質がベンゼンよりも速く，あるいは遅く反応するかについても答えよ．

a）トルエン　b）安息香酸メチル　c）ブロモベンゼン　d）アニソール

[5] 次の各組の化合物に対して求電子置換を行ったときの反応性を比べて，反応性が大きい順に並べよ．

　　a）エチルベンゼン，安息香酸，ニトロベンゼン
　　b）1,2-ジヒドロキシベンゼン，1,3,5-トリヒドロキシベンゼン，フェノール

[6] 次に示す試薬を用いてベンゼンの反応を行ったときの生成物を構造式で示し，生成機構を記せ．

　　a）$Br_2/FeBr_3$　　b）HNO_3/H_2SO_4　　c）濃硫酸

[7] 塩化アルミニウムの存在下，1-クロロプロパンとベンゼンとの反応の主生成物はプロピルベンゼンではない．この反応の主生成物は何か．また，なぜそうなるのか．

[8] ナフタレンが求電子置換反応を受けたときの中間体であるカルボカチオンの共鳴構造式を書いて，ナフタレンがC2よりもC1で反応を受けやすいことを説明せよ．

10

置換ベンゼン類の合成と反応

　ヒドロキシ基，ハロゲン，アミノ基などの置換基が脂肪族化合物に結合した場合と芳香族化合物に結合した場合とでは，性質や反応性に差異がある．本章ではベンゼンに置換基が結合した芳香族化合物の性質や反応について学ぶ．

10.1　フェノール類[1]

　フェノール（phenol）C_6H_5OH は，ベンゼンにヒドロキシ基 –OH が結合した化合物である．においをもち水にわずかに溶け，その水溶液は弱い酸性を示す（$pK_a = 9.82$）．フェノールがアルコールと異なり酸性を示すのは，フェノールのイオン解離がアルコールに比べて有利になるからである．すなわち，プロトンが解離してできるフェノキシドイオンは下に示したようにベンゼン共役系との共鳴が可能であるから，負電荷の非局在化によって安定化するのである．

a. フェノールの合成

　古くから，フェノール類のいくつかは，石炭の乾留によって生成するコールタールから得られていた．一方で化学合成によりフェノール類を得る試みとしては，1890年代にはドイツでスルホン酸を用いたフェノールの製造が開始された．

---

[1] フェノール類：同一ベンゼン環上にヒドロキシ基をもつ化合物の総称である．二つ以上もつ化合物をポリフェノール（多価フェノール）とよぶこともある．酸の強さとイオン解離については 12.2 節で詳しく学ぶ．

その後，新しい製造法が次々と開発され，現在世界で生産される合成フェノールの約90％がクメン法によって得られている．ベンゼンとプロペンからリン酸を含んだ触媒を用いてイソプロピルベンゼン（クメン，沸点152℃）を合成し，さらに炭酸ナトリウムなどのアルカリを用いた空気酸化でクメンヒドロペルオキシドに変換する．これを60～90℃で酸分解しフェノールを合成している．

b. フェノールの反応

フェノールのヒドロキシ基はアルコールと異なり弱酸性なので，水酸化ナトリウムによりナトリウムフェノキシド（C_6H_5ONa）に変換される．このフェノキシドイオンはハロアルカンやジメチル硫酸に対して求核剤として働き，アルキルフェニルエーテルを生成する．

フェノールの酸素は，アルコールの酸素に比べると弱いものの同様の求核性をもっている．よって，フェノールのヒドロキシ基もアルコールのヒドロキシ基と同様に無水酢酸との反応でアシル化される．

$$\text{C}_6\text{H}_5\text{OH} + (\text{CH}_3\text{CO})_2\text{O} \longrightarrow \text{C}_6\text{H}_5\text{O-COCH}_3 + \text{CH}_3\text{COOH}$$

フェノールは，ヒドロキシ基の電子供与性のためにベンゼンより芳香族求電子置換反応を受けやすい（9.4節）．このため，FeBr$_3$ などの Lewis 酸がなくても臭素化が進行し，3当量以上の臭素を用いると，フェノールは容易に 2,4,6-トリブロモフェノールになる．

フェノールのニトロ化は，無水酢酸中で硝酸と反応させると起こり，o-ニトロフェノールと p-ニトロフェノールが 61 対 39 の割合で生成する．また，硫酸と硝酸の混合物を用いる反応からは，o-と p-位がすべてニトロ化された，トリニトロ体であるピクリン酸が得られる（9.4節，9.5節）．

ピクリン酸

10.2　芳香族炭化水素のハロゲン置換体

　ブロモベンゼンの場合を例に，芳香族炭化水素のハロゲン置換体[1] の反応をみてみよう．なお，クロロベンゼンやヨードベンゼンも反応性や配向性において同様の傾向を示す．

　ハロゲン化アルキルの場合と異なり，ブロモベンゼンは求核置換反応を起こしにくい．芳香環と結合している臭素原子の非共有電子対が芳香環に非局在化しているためである．これにより，C－Br 結合の分極が弱まるとともに，C－Br 結合に二重結合性が生じる．

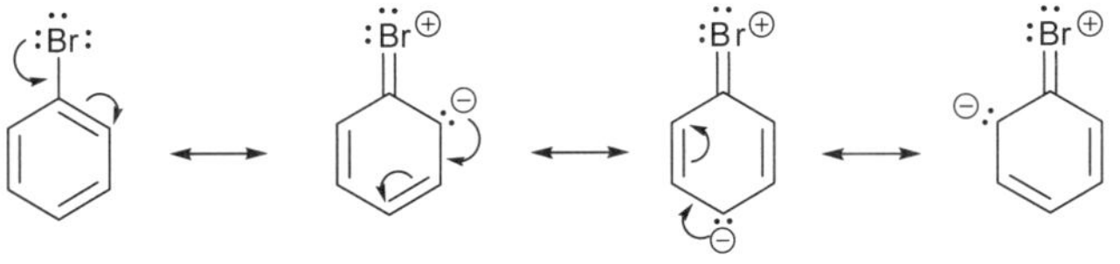

　しかし，次に示すように o- や p- 位にニトロ基のような電子求引基をもつ芳香族化合物は求核置換反応を起こす．最初に求核剤が Br の結合している炭素を攻撃し，中間体のアニオンが生成する．アニオン中間体中の Br がアニオンとして脱離し，最終生成物になる．

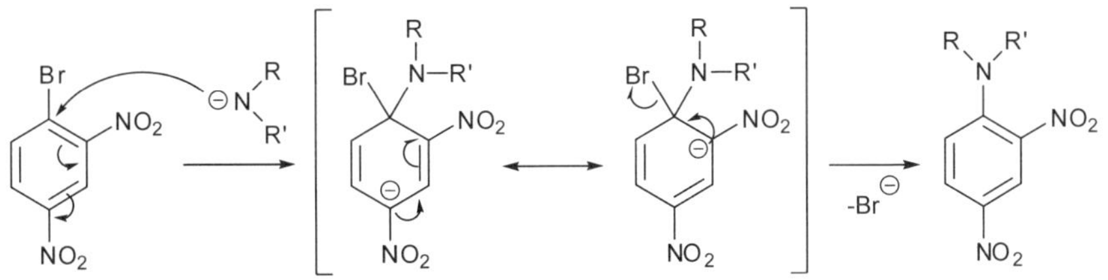

アニオン中間体

　ブロモベンゼンは，金属リチウムやマグネシウムと容易に反応して，フェニルリチウムや臭化フェニルマグネシウムなどの有機金属化合物を生じる．これはハロゲン化アルキルの場合と同様であり，合成反応に利用される（7.3 節，11.3 節）．

---

1) 芳香族炭化水素のハロゲン置換体（I, Br, Cl）は芳香環のハロゲン化またはジアゾニウム塩の Sandmeyer 反応（10.4 節）を用いて合成される．

ブロモベンゼンの芳香族求電子置換反応は,オルト・パラ配向性を示す(9.4節).ニトロ化は主に o- と p-位で起こり,アシル化は,塩化アルミニウムとともに無水酢酸を反応させると p-位で優先して進行する.

10.3 アニリン

代表的な芳香族アミンであるアニリンは,ニトロベンゼンを鉄やスズなどの金属と塩酸を用いた還元により合成される.アニリンは塩基であるので,塩酸のような強い酸と塩をつくるが,塩基性は脂肪族アミンに比べるとかなり弱い.

アミノ基の電子供与性共鳴効果によって,アニリンの芳香族求電子置換反応はベンゼンに比べて著しく速い(9.4節).

フェノールと同様に,$FeBr_3$ がなくてもアニリンの臭素化が進行し,2,4,6-トリブロモアニリンが生成する.このとき,モノブロモ体が生成する段階で止めることは困難である.アニリンを塩化アセチルと反応させると,芳香族求電子置換反応は起きない.アミノ基がアセチル化されて,アセトアニリドになる.

アセトアニリドでは，アシル基の電子求引効果によって，求電子置換反応の反応性が減少する．また，アシル基のかさ高さのために，o-位の反応が阻害されるので，p-位の生成物が優先して得られる．アセトアニリドが塩基によって加水分解されると，アニリンになる．したがって，アニリンのアシル化を経由することにより，アニリンのp-位にのみ求電子剤を導入することが可能になる．

10.4 ジアゾニウム塩

ベンゼンジアゾニウム塩は，アニリンを塩化水素や硫酸を用いてアニリニウム塩に変え，それと亜硝酸ナトリウムとを反応させると得られる．この反応は，アニリンの窒素上の非共有電子対が亜硝酸から発生したニトロシルカチオンの窒素原子を求核的に攻撃することから始まる．プロトンの酸素原子への移動，脱水，脱ヒドロキシルによりジアゾニウム塩を生じる．

この塩はジアゾ基の結合したところで求核置換反応を起こし，ハロゲンやニトリル誘導体を生じる（Sandmeyer 反応）．さらにこのジアゾニウム塩は求電子剤としてベンゼンやフェノールと反応しジアゾ化合物になる（ジアゾカップリング反応）．ジアゾ化合物はあざやかな黄色，赤色，青色などを示すため染料や顔料として利用されている．

10.5 芳香族化合物の還元

　PdやPtなどの触媒があると，ベンゼンは水素でシクロヘキサンに接触還元される（4.6節）．ベンゼン環を還元するそのほかの方法としてBirch還元がある．エタノールやt-ブチルアルコールなどのプロトン供与体を含む液体アンモニア（沸点 $-33°C$）中で，ベンゼンなどの芳香族化合物をナトリウムやリチウムなどにより還元すると1,4-シクロヘキサジエン類が生成する．

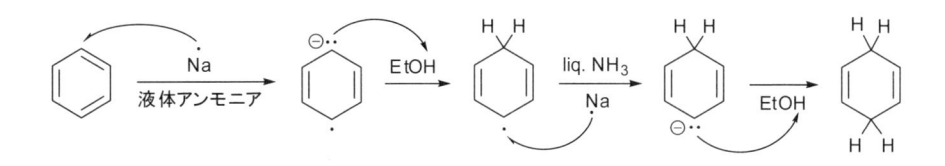

Birch 還元において，電子供与基（アルキル基，−OR，−NH₂ など）を有すると反応が遅く，生成するジエンの置換基のついた炭素に二重結合が残る．一方，電子求引基（−COOH など）を有すると反応速度が速く，置換基をはさむようなジエンが生成する．

まとめ

① ベンゼン環にヒドロキシ基−OH が結合した化合物をフェノールという．
② フェノールは，ヒドロキシ基からプロトンが解離したフェノキシドイオンが共役効果で安定化するため，通常のアルコール類と異なり，弱酸性を示す．
③ 現在生産されているフェノールの約 90%はクメン法で製造されている．そのほかにもベンゼンスルホン酸のアルカリ融解などで合成可能である．
④ フェノールは，ヒドロキシ基の電子供与性のために，ベンゼンよりも芳香族求電子置換反応が進行しやすい．
⑤ 芳香族炭化水素のハロゲン置換体（ハロベンゼン誘導体）は，ハロゲンの非共有電子対が芳香環に非局在化するため，ハロゲン化アルキルと異なり求核置換反応を起こしにくい．
⑥ o−位や p−位に電子求引性の置換基を有するハロベンゼン誘導体は，求核置換反応が進行する．
⑦ ベンゼン環に NH₂ 基（アミノ基）が結合した化合物をアニリンという．
⑧ アニリンも，NH₂ 基の電子供与性のために，ベンゼンよりも芳香族求電子置換反応が進行しやすい．
⑨ アニリンに酸性条件下，亜硝酸ナトリウム（NaNO₂）を作用させると，ベンゼンジアゾニウム塩が得られる．

問題

[1] フェノールの pK_a が 9.82 であるのに対して，メタノールの pK_a は 15.54 である．この pK_a の違いを説明せよ．

[2] ベンゼンまたはトルエンから出発して，次のベンゼン誘導体を合成する方法を示せ．

a) 3-クロロニトロベンゼン b) 4-ニトロ安息香酸 c) 3-ニトロアセトフェノン d) 3-ニトロ安息香酸

[3] p-メチルフェノール（p-クレゾール）に臭素を反応させると，どの位置で置換が起こるかを示せ．

[4] アニリンを出発物質として，1,3,5-トリブロモベンゼンを合成するにはどのようにすればよいか．反応式を用いて合成経路を示せ．

[5] 通常のニトロ化の条件（HNO_3/H_2SO_4）を用いると，アニリンから m-ニトロ体と p-ニトロ体が 1 対 1 の比で得られる．この奇妙な配向性の理由を説明せよ．

[6] フェノールに置換基を導入してその酸性を高めるには，どのような置換基をどの位置に導入すればよいか．構造式を用いて説明せよ．

[7] 次の化合物の $KMnO_4$ 酸化によって得られる芳香族化合物を構造式を用いて示せ．

a) エチルベンゼン b) o-キシレン c) スチレン d) m-クロロトルエン

◆ 11 ◆
カルボニル化合物

炭素–酸素二重結合をもつ有機化合物は数多く存在する．この官能基をカルボニル基，これを含む分子をカルボニル化合物とよんでいる．本章ではカルボニル基の分極に由来するカルボニル化合物に特有な性質や反応を学ぶ．

11.1 カルボニル化合物の構造と命名法

カルボニル基の炭素–酸素二重結合は，アルケンの炭素–酸素二重結合と同様に，sp^2–sp^2 の混成軌道が結合した σ 結合と，炭素と酸素のところで p 軌道が重なって生じる π 結合からできている．アルケンと異なるのは，酸素原子の sp^2 軌道に，σ 結合に関与しない二つの非共有電子対が存在していることである．また，カルボニル基では，炭素と酸素の電気陰性度の差から酸素原子の方に電子がかたよっており，結合は大きく分極している（4.2 節）．

カルボニル化合物は，カルボニル炭素に水素が結合しているアルデヒドと，二つのアルキル基やアリール基が結合しているケトンに分類される．

a. アルデヒドの命名法

アルデヒドは，相当するアルカンの英語名の語尾 -ane の e を -al（アール）に置き換えることによって命名される．たとえばメタンから得られるアルデヒドはメタナール，エタンはエタナールと命名される．複雑な構造の分子では －CHO は置換基として，ホルミル基と命名される．

b. ケトンの命名法

ケトンは，相当するアルカンの英語名の語尾を -one（オン）で置き換えて命

名される．主鎖としてカルボニルを含む最長の炭素鎖を選び，カルボニル基の炭素原子番号がなるべく小さくなるようにつける．分子によって，接頭語のオキソ（oxo-）や接尾語キノン（-quinone）が用いられる．

$$\underset{\substack{\text{2-ブタノン}\\\text{2-butanone}}}{\underset{4\ \ 3\ \ 2\ \ 1}{CH_3\text{-}CH_2\text{-}CO\text{-}CH_3}}$$

$$\underset{\substack{\text{2,4-ヘキサンジオン}\\\text{2,4-hexanedione}}}{\underset{6\ \ 5\ \ 4\ \ 3\ \ 2\ \ 1}{CH_3\text{-}CH_2\text{-}COCH_2\text{-}CO\text{-}CH_3}}$$

$$\underset{\substack{\text{4-オキソペンタン酸エチル}\\\text{ethyl 4-oxopentanoate}}}{\underset{5\ \ \ \ \ 3\ \ \ 2\ \ \ 1}{CH_3\text{-}\overset{\overset{O}{\|}}{C}\text{-}CH_2\text{-}CH_2\text{-}COOC_2H_5}}$$

シクロヘキサノン
cyclohexanone

2,5-シクロヘキサジエン-1-オン
2,5-cyclohexadiene-1-one

p-ベンゾキノン
p-benzoquinone

11.2　カルボニル化合物の合成

　化学工業において，メタナール（慣用名：ホルムアルデヒド）は石炭や石油から得られる合成ガス（水素と一酸化炭素の混合ガス）からつくられる．まず一酸化炭素を水素で還元し，メタノールにする．このメタノールを銅と亜鉛を触媒として酸化し，ホルムアルデヒドを合成している．

$$2\ H_2 + CO \xrightleftharpoons[250\,°C\,/\,100\text{気圧 以下}]{\text{Cu-Catalyst}} CH_3OH + 1/2\ O_2 \xrightarrow[\substack{250\sim300\,°C\\\text{加圧}}]{\text{Cu-Zn Catalyst}} \underset{\substack{\text{ホルムアルデヒド}\\(\text{メタナール})}}{CH_2O}$$

　炭素2個からなるエタナール（慣用名：アセトアルデヒド）は，パラジウムと銅を触媒とした反応により合成される．塩化パラジウムと塩化銅の触媒にエチレンと酸素ガスを吹き込むと，酸化反応が進んでアセトアルデヒドが生じる．この方法は，開発した会社の名前からWacker酸化とよばれている．

$$H_2C=CH_2 + H_2O \xrightarrow[O_2,\ CuCl_2]{PdCl_2} \underset{\substack{\text{アセトアルデヒド}\\(\text{エタナール})}}{CH_3\text{-}CHO}$$

一般的にアルデヒドを合成する場合，穏和な条件で第一級アルコールを酸化したり，カルボン酸誘導体を還元する方法がとられる．前者には，第一級アルコールをクロロクロム酸ピリジニウム（PCC）で酸化する方法がある．

$$\text{1-デカノール} \xrightarrow{\text{PCC / CH}_2\text{Cl}_2} \text{デカナール　92\%}$$

後者には，カルボン酸の塩化物をパラジウム触媒を用いて接触水素化することによりアルデヒドに変換する方法がある．

$$\text{塩化フェニル酢酸} \xrightarrow{\text{H}_2,\ \text{Pd / BaSO}_4} \text{フェニルエタナール　80\%}$$

また，二置換アルケンをオゾン分解することによっても合成できる（6.3節）．

ケトンも，第二級アルコールの酸化や多置換オレフィンのオゾン分解により合成できる．また，ベンゼン環と共役しているケトンを合成するには，Friedel–Crafts反応によるアシル化が知られている（9.3節）．

11.3　求核付加反応

アルケンへの付加反応が求電子付加であるのに対して，カルボニル基への付加は求核付加である．これはカルボニル基のπ電子が酸素の方に引きつけられ，炭素側の電子密度が下がっており，求核剤がこの炭素原子を攻撃するためである（4.2節参照）．カルボニル基をもつ分子は酸性条件で，プロトンによる触媒反応を起こす．これはカルボニル酸素に存在する非共有電子対がプロトンを捕らえ，それによりカルボニル炭素が求核攻撃を受けやすくなるためである．

$$:\text{Nu}^- \ \curvearrowright \ \text{C}=\ddot{\text{O}} \ \curvearrowleft \ \text{E}^+ \longrightarrow \underset{\text{Nu}}{\overset{\text{O}-\text{E}}{\text{C}}}$$
（求核剤）　　　　（求電子剤）

アルデヒドは，一般にケトンに比べて求核付加反応の反応性が高い．これはア

ルデヒドでは置換基が 1 個のみなので,比較的大きな置換基が二つ存在するケトンより,求核剤がカルボニル炭素に近づきやすいためである.ホルムアルデヒドはアルデヒドの中で立体障害が最も小さいため,求核付加に対する反応性が特に高い.

a. 水の求核付加(水和)

カルボニル化合物を水に溶かすと,水の求核付加反応が起こり,1,1-ジオールが生成する.

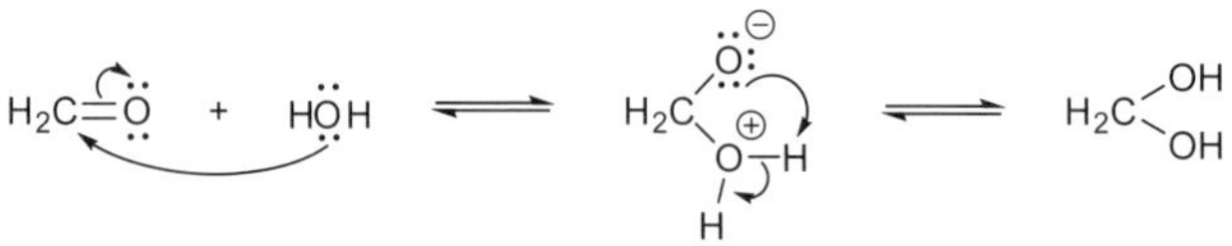

アルデヒドは,カルボニル基に結合する置換基のかさ高さがケトンより小さいので,水和を受けやすい.フッ素や塩素のように電気陰性度の大きな原子がカルボニル基の α 位(官能基のとなりの炭素原子)に結合していると,ハロゲンの誘起効果によりカルボニル炭素の電子密度が下がるので,水和物の方がより一層安定になる.実際にトリクロロアセトアルデヒド CCl_3CHO(クロラール)は,抱水クロラールという水和物が安定な結晶として単離されている.

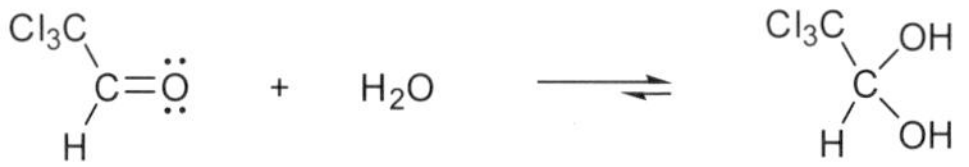

クロラール   抱水クロラール

水和反応は,中性よりも酸性や塩基性の場合の方がずっと速い.酸性条件では,カルボニル基の酸素へのプロトン付加が起こり,カルボニル炭素がより求核攻撃を受けやすくなるためである.また,塩基性条件では水より求核性の強い水酸化物イオンが求核剤になることで反応が速く進む.

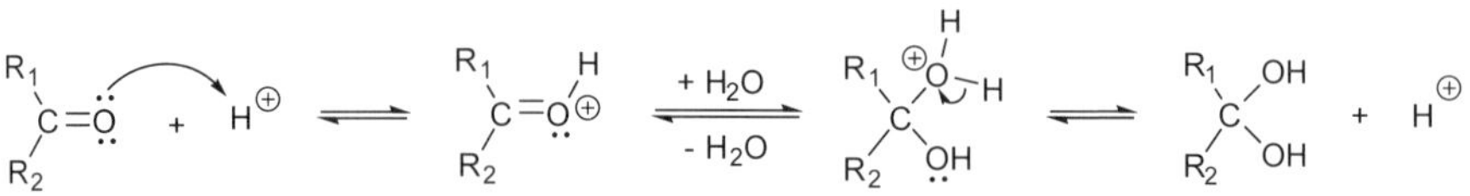

b. アルコールの求核付加（アセタールの生成）

アルコール類も水と同じようにカルボニル化合物を求核的に攻撃し，付加反応を起こす．1分子のアルコールがカルボニル基に付加した化合物を，ヘミアセタールとよんでいる．ヘミアセタールのヒドロキシ基がプロトン化された後，脱水が起こるとカルボカチオンが生成する．これにもう1分子のアルコールが付加反応を起こすとアセタールが生成する．アセタールは，酸性条件で水を加えると逆反応を起こし，アルコールとカルボニル化合物に戻る．

アセタール化は，一時的にカルボニル基の反応性を低くするためによく行われている．このようなカルボニル基の保護試薬として，1,2-エタンジオールが用いられる．

c. シアノヒドリンの合成

シアン化物イオンもカルボニル化合物に対して求核剤として働く．これにより生成した求核付加体をシアノヒドリンという．この反応は平衡反応であり，表

$$\mathrm{R_1 \atop R_2}C=O + HCN \xrightleftharpoons[K,\ 20\ ^\circ C]{C_2H_5OH/H_2O} \mathrm{R_1 \atop R_2}C{CN \atop OH}$$

表 11.1 シアノヒドリン生成の平衡定数 K

R_1	R_2	K
p-NO$_2$-C$_6$H$_4$	H	1820
C$_6$H$_5$	H	220
p-CH$_3$O-C$_6$H$_4$	H	33
CH$_3$	CH$_3$	33
C$_6$H$_5$	CH$_3$	0.77

11.1 に示したように，電子を求引する置換基がベンゼン環に結合していると，平衡はシアノヒドリン側にかたよる．

d. Grignard 反応

カルボニル化合物が Grignard 試薬と反応すると，対応するアルコールを生成する．アルデヒドからは第二級アルコールが，ケトンからは第三級アルコールがそれぞれ得られる．

$$CH_3CH_2CH_2CH=O + CH_3CH_2\text{-}MgI \longrightarrow \underset{C_3H_7\ \ C_2H_5}{\overset{O^-\ MgI^+}{CH}} \xrightarrow{H_2O} \underset{OH}{CH_3CH_2CH_2\text{-}\overset{H}{\underset{|}{C}}\text{-}CH_2CH_3}$$

ブタナール　　　　　　　　　　　　　　　　　　　　　　　　　　　　　3-ヘキサノール

$$\underset{H_3C}{\overset{H_3C}{>}}C=O + \underset{H_3C}{\overset{H_3C}{>}}CH\text{-}MgBr \longrightarrow \underset{H_3C}{\overset{H_3C}{>}}HC\text{-}\underset{CH_3}{\overset{CH_3}{\underset{|}{C}}}\text{-}O^- MgBr^+ \xrightarrow{H_2O} \underset{H_3C}{\overset{H_3C}{>}}HC\text{-}\underset{CH_3}{\overset{CH_3}{\underset{|}{C}}}\text{-}OH$$

2,3-ジメチル-2-ブタノール

11.4 求核付加反応と脱離反応

a. Wittig 反応

ハロアルカンとトリフェニルホスフィンが反応すると，ホスホニウム塩が生じる．この塩からアルコキシドなどの塩基でハロゲン化水素を脱離させることで，

リンイリド（Wittig 試薬）を生じる．これはイレン構造との共鳴が可能なので安定である．

$$RCH_2-X + \ddot{P}(C_6H_5)_3 \longrightarrow RCH-\overset{\oplus}{P}H(C_6H_5)_3 \underset{X^{\ominus}}{\overset{H}{|}} \xrightarrow{:Base} R\overset{\ominus}{C}H-\overset{\oplus}{P}H(C_6H_5)_3 \longleftrightarrow RCH=P(C_6H_5)_3$$

ホスホニウム塩　　　　イリド　　　　イレン

Wittig 試薬は，カルボニル化合物への求核付加により四員環中間体を形成する．これからホスフィンオキシドが脱離すると，オレフィンが生成する．この反応を Wittig 反応とよんでいる．

シクロヘキサノンからメチレンシクロヘキサンを合成する場合，Wittig 反応を使うことで 86% の収率で得ることができる．一方，Grignard 反応によりアルコールを合成した後，アルコールの脱水反応を行うと，メチレンシクロヘキサンは 1 割以下しか得られない．このとき主生成物は，熱力学的に安定な 1-メチルシクロヘキセンである．

b. Knoevenagel 反応

マロン酸ジエチルは，二つのエステル基がメチレン基（$-CH_2-$）をはさんだ構造である．このメチレン基の水素は，電子求引性の基をもたない通常のメチレ

ン基と比べて酸性が強く，プロトンとして外れやすい．この結果生じたカルボアニオンと，カルボニル基のα位に水素をもたないアルデヒドは求核付加反応を起こし，さらに水の脱離によって縮合生成物を生じる．

c. 窒素原子を含む求核剤との反応

NH_2 からなる求核剤がカルボニル化合物を攻撃した場合，求核付加とそれに引き続く脱水反応により炭素–窒素二重結合が生成する．この反応は平衡反応であるため，水が存在すると簡単に加水分解してもとのカルボニル化合物に戻ってしまう．

11.5 カルボニル化合物の還元と酸化

a. Wolff–Kishner 還元

カルボニル基をメチレン基に変換する方法としては，本項と次のb項の二つ

が知られている．11.4 c 節で示したようにカルボニル化合物から生成したヒドラゾン（hydrazone）を塩基と反応させると，ヒドラゾンはメチレン基に変換される．

$$R_1R_2C=N-NH_2 \xrightarrow[180\ °C]{KOH} R_1-CH_2-R_2$$

b. Clemmensen 還元

前項は塩基性条件だった．これに対し，酸性条件でカルボニル化合物を還元する方法として Clemmensen 還元がある．この反応は，塩酸中の亜鉛アマルガムとカルボニル化合物を反応させる．下に示した反応では，ベンゼンと共役したカルボニル基がメチレン基に還元されている．

$$\text{PhCOCH}_3 \xrightarrow[80\%]{Zn(Hg)/HCl} \text{PhCH}_2\text{CH}_3$$

c. 水素化アルミニウムリチウム（$LiAlH_4$）還元

カルボニル化合物は，$LiAlH_4$ でアルコールに還元される．無水エーテルやテトラヒドロフラン（THF）中で，この試薬と反応させると，ヒドリドの求核付加反応で付加物を生成する．反応終了後水を加えることにより，付加物は対応するアルコール，水酸化アルミニウム，水酸化リチウムに加水分解される（8.2d 節）．

$$R_1R_2C=O \xrightarrow[2)\ H^+,\ H_2O]{1)\ LiAlH_4} R_1R_2CH(OH)$$

d. 水素化ホウ素ナトリウム（$NaBH_4$）還元

$NaBH_4$ もカルボニル化合物を還元してアルコールを与える．$LiAlH_4$ に比べて反応性は劣るが，取り扱いが簡単でメタノール中で反応を行うこともできる．エステル類は $NaBH_4$ では還元されにくい．

$$R_1R_2C=O \xrightarrow[2)\ H^+,\ H_2O]{1)\ NaBH_4} R_1R_2CH(OH)$$

e. アルデヒドの酸化

アルデヒドは，弱い酸化剤でも酸化されカルボン酸に変換される．この酸化には $KMnO_4$，CrO_3，Ag_2O などが用いられる．Ag^+ を使ってアルデヒドを酸化し

てカルボン酸に変える反応では，銀イオンから鏡のような Ag が析出する．この反応は銀鏡反応とよばれ，アルデヒドの検出法として知られている．

$$\underset{R}{\overset{H}{>}}C=O + 2\,Ag(I)(NH_3)_2OH \longrightarrow R-COO^{\ominus}\,NH_4^{\oplus} + 2\,Ag\downarrow + 3\,NH_3 + H_2O$$

f. ケトンの酸化

アルデヒドに比べてケトンの酸化は起こりにくく，強い条件が必要である．
たとえば，塩基性条件で過マンガン酸カリウムにより酸化される．次の反応式で示されるように，シクロヘキサノンは過マンガン酸カリウムによって酸化されてヘキサン二酸（アジピン酸）を生成する．

シクロヘキサン　$\xrightarrow{KMnO_4}$　ヘキサン二酸（アジピン酸）

g. Baeyer-Villiger 反応

ケトンを過酢酸（CH_3COOOH），過安息香酸（C_6H_5COOOH）などの過酸と反応させると，転位を伴った酸化反応が進行する．

$$\underset{R_2}{\overset{R_1}{>}}C=O \xrightarrow{CH_3CO_3H} R_1-O-\underset{O}{\overset{\parallel}{C}}-R_2$$

11.6 ケト-エノールの平衡

アルデヒド，ケトン，エステルなどが，カルボニル基の隣の炭素原子（α炭素）上に水素原子（α水素）をもつと，α水素が酸素原子に移動してアルケン構造を生じる．このため，実際にはカルボニル構造をもつケト形と，アルケン構造をもつエノール形との平衡混合物として存在している．このような構造異性を**互変異性**とよび，対応する異性体を**互変異性体**という．ほとんどのカルボニル化合物の平衡はケト形にかたよっている．しかしアセチルアセトンのようにカルボニルの β 位（α 位のさらに隣の炭素．以下 γ, δ, ε, …となる）にもう一つカルボニル基が存在すると，エノール形の寄与が大きくなる．フェノールでは，ほと

11.7 エノールおよびエノラートイオンの反応

[アセトン: 99.9999999% / エノール形 0.000001%]

[アセチルアセトン: 24% / エノール形 76%]

[1-フェニルブタン-1,3-ジオン: 1% / エノール形 99%]

[シクロヘキサジエノン: 0% / フェノール ~100%]

んどエノール形にかたよっている．これはエノール化によりベンゼン誘導体となり，芳香族性をもつためである．

11.7 エノールおよびエノラートイオンの反応

a. アルドール縮合反応

カルボニル化合物の α 水素は塩基によりプロトンとして脱離する．生成したアニオンはエノラートイオンとよばれ，別のカルボニル化合物のカルボニル炭素を求核攻撃して付加体（β-ヒドロキシカルボニル化合物）を生ずる．β-ヒドロキシカルボニル化合物の慣用名はアルドールであり，この反応をアルドール縮合とよぶ．この付加体は温和な反応条件を用いると単離できるが，塩基あるいは酸性条件で加熱すると，容易に脱水して α, β-不飽和カルボニル化合物を生成する．

あるカルボニル化合物のエノラートが，別のカルボニル化合物のカルボニル炭素に選択的に付加する反応を混合アルドール縮合という．アセトアルデヒドとベ

ンズアルデヒドの反応の場合，ベンズアルデヒドはα水素をもたないので，塩基との反応でアセトアルデヒドだけがエノラートを形成し，ベンズアルデヒドのカルボニル基に付加する．

b. カルボニル基のα位の臭素化

カルボニル化合物のα位では，酸性または塩基性いずれの条件でも臭素との置換反応が起こる．酸性条件の反応では，まずプロトンがカルボニル基の酸素に結合してエノール化を促進し，生成したエノールに臭素が求電子付加をする．最後にプロトンが脱離して生成物に至る．

塩基性条件では，カルボニルのα水素は塩基でプロトンとして引き抜かれ，生成したカルボアニオンが臭素を求核的に攻撃する．アセチル基（CH_3CO-）を有するケトンでは，3回ハロゲン化がくり返される．ここで生じたトリブロモケトンがOH^-の求核攻撃を受けて，ブロモホルム（トリブロモメタン）が生成

する．この一連の反応をハロホルム反応という．

$$R-\overset{\overset{O}{\|}}{C}-CH_3 \xrightarrow[OH^-]{X_2} RCOOH + CHX_3 \quad (X:ハロゲン)$$

$$(CH_3)_3C-\overset{\overset{O}{\|}}{C}-CH_2\overset{H}{\curvearrowleft}\overset{\ominus}{OH} \longrightarrow \left[(CH_3)_3C-\overset{\overset{O}{\|}}{C}-\overset{\ominus}{C}H_2 \longleftrightarrow (CH_3)_3C-\overset{\overset{O^\ominus}{|}}{C}=CH_2\right] \xrightarrow{Br_2} (CH_3)_3C-\overset{\overset{O}{\|}}{C}-CH_2Br$$

$$\xrightarrow[OH^-]{Br_2}\xrightarrow[OH^-]{Br_2} (CH_3)_3C-\overset{\overset{O}{\|}}{C}-CBr_3 \xrightarrow[\overset{\ominus}{OH}]{} (CH_3)_3C-\overset{\overset{O^\ominus}{|}}{\underset{}{C}}-CBr_3 \longrightarrow (CH_3)_3C-\overset{\overset{O}{\|}}{C}-O^\ominus + CHBr_3$$

トリブロモケトン　　　　　　　　　　　　　　　　　　　　　　　　　　　　　　ブロモホルム

まとめ

① カルボニル基は，炭素酸素二重結合をもつ官能基で，炭素と酸素の電気陰性度の差から酸素側に電子が偏っている．
② カルボニル基の炭素上は電子密度が下がっているため，求核付加反応が進行しやすい．
③ カルボニル化合物に1分子のアルコールが求核付加反応を起こすと，ヘミアセタールが生成し，さらにもう1分子反応するとアセタールとなる．
④ カルボニル化合物は，Grignard試薬と反応して，対応するアルコールを生成する．
⑤ アルデヒドおよびケトンを還元すると，対応する第一級および第二級アルコールが得られる．
⑥ カルボニル化合物は，カルボニル構造をもつケト型とα水素が酸素原子に移動して生じるアルケン構造をもつエノール型との平衡混合物として存在するが，そのほとんどがケト型に偏っている．
⑦ カルボニル化合物のα水素は，塩基で容易にプロトンとして脱離し，エノラートイオンと呼ばれるアニオンになる．

問題

[1] アルデヒドとケトンの違いを説明しなさい．
[2] $C_5H_{10}O$の分子式をもつアルデヒドとケトンのすべての異性体の構造と名称を書け．また，その中でキラルな分子はどれかを示せ．
[3] 次の一般名で示される化合物の具体例を一つ挙げよ．

a）ヒドラゾン　　b）オキシム　　c）イミン　　d）アセタール

［4］　次に示す試薬を用いて3-フェニルプロパナール $C_6H_5CH_2CH_2CHO$ の反応を行ったときの生成物を構造式で示せ．
　　　a）$NaBH_4$，次に H_3O^+　　b）NH_2OH
　　　c）CH_3MgBr，次に H_3O^+　　d）CH_3OH, H^+ 触媒

［5］　光学活性な（R）-2-メチルシクロヘプタノンを HCl または NaOH 水溶液に溶かすと，ラセミ体の2-メチルシクロヘプタノンが生成する．この事実を説明せよ．

［6］　次に示す試薬を用いてプロピオフェノン $C_6H_5COCH_2CH_3$ の反応を行ったときの生成物を構造式で示せ．
　　　a）$LiAlH_4$，次に H_3O^+　　b）CH_3MgBr，次に H_3O^+
　　　c）$HOCH_2H_2OH$, H^+ 触媒　　d）酢酸溶媒中 Br_2（1当量）　　e）$(C_6H_5)_3P=CH_2$

［7］　ヘキサンジアール $OHCCH_2CH_2CH_2CH_2CHO$ の酸性条件での分子内アルドール縮合では，どのような生成物が得られるか．反応機構も含めて答えよ．

［8］　11.6節で示した平衡において，アセトンは 0.000001% しかエノール化しないのに対して，2,4-ペンタンジオン（アセチルアセトン）は 76% もエノール化している．この事実を説明せよ．

◆ 12 ◆
カルボン酸とその誘導体

カルボニル基とヒドロキシ基の二つが結合した官能基をカルボキシル基という．カルボキシル基をもつ分子はカルボン酸とよばれている．本章では，カルボニル基またはヒドロキシ基だけのときと異なるカルボキシル基の性質を学ぶ．

12.1 カルボン酸

カルボン酸とはカルボキシル基をもつ分子であり，その名が示す通りプロトン供与体として働く．二つの水素結合によって二量体を形成しており，その沸点は同じ分子量をもつアルコールに比べて高い．

多くのカルボン酸が古くから研究され，慣用名がつけられており，今日でもよく使われている．

HCOOH	CH_3COOH	CH_3CH_2COOH	$CH_3(CH_2)_2COOH$
ギ酸	酢酸	プロピオン酸	酪酸
formic acid	acetic acid	propionic acid	butyric acid

HOOC—COOH	HOOC—CH_2—COOH	H_2C=CHCOOH	⬡—COOH
シュウ酸	マロン酸	アクリル酸	安息香酸
oxalic acid	malonic acid	acylic acid	benzoic acid

IUPAC命名法では，カルボン酸はアルカン名に酸をつけて命名される（英語名は末尾のeは省いて -oic acid を加える）．カルボキシル基が2個ある酸はアルカン名に二酸（-dioic acid）をつけて命名される．炭素骨格の番号付けは基本化合物の番号の付け方に関係なく，いつもカルボキシル基がなるべく小さい番号になるようにする．

別の命名法として，アルカン名に接尾語カルボン酸（-carboxylicacid）をつけることもできる．この命名法は，炭素環あるいは複素環にカルボキシル基をもつ

```
 6   5   4    3    2   1
CH₃-CH=CH-CH₂-CH₂-COOH        CH₃-[CH₂]₅-COOH         HOOC-[CH₂]₅-COOH
```

4-ヘキセン酸 　　　　　　　　　　　　ヘプタン酸　　　　　　　　　　　　　ヘプタンニ酸
4-hexenoic acid 　　　　　　　　　　heptanoic acid　　　　　　　　　heptanedioic acid

1-ピロールカルボン酸　　　　　　　シクロヘキサンカルボン酸
1-pyrrolecarboxylic acid　　　　cyclohexanecarboxylic acid

酸に適用される．炭素鎖に番号をつけるときは，carboxylic で表されているカルボキシル基の炭素には番号をつけない．なお，炭素数の少ない脂肪族カルボン酸では -oic acid で命名することが望ましい．

12.2　カルボン酸の酸性

カルボン酸は水溶液中で解離し，カルボキシラートイオンとヒドロニウムイオン（プロトン）になる．この平衡が右にかたよっているものほど（すなわち，カルボキシラートイオンが安定であるものほど）強い酸である．

$$\text{RCOOH} + \text{H}_2\text{O} \underset{}{\overset{K_a'}{\rightleftarrows}} \text{RCOO}^- + \text{H}_3\text{O}^+ \quad \left(K_a' = \frac{[\text{R-COO}^-][\text{H}_3\text{O}^+]}{[\text{R-COOH}][\text{H}_2\text{O}]} \right)$$

酸の強さは酸解離定数または酸解離指数で表される．酸解離定数 K_a は解離によって生じたカルボキシラートイオンとヒドロニウムイオンの濃度の積を，解離していないカルボン酸の濃度で割ったものである．

$-\log K_a$ を酸解離指数（pK_a）といい，この値が酸の強さの尺度として用いられる．下の式からわかるように，pK_a は解離して生じたカルボキシラートイオンとカルボン酸の濃度が 1：1 になったときの pH に相当する．

$$K_a = K_a'[\text{H}_2\text{O}] = \frac{[\text{R-COO}^-][\text{H}_3\text{O}^+]}{[\text{R-COOH}]}$$

$$pK_a = -\log K_a = -\log \frac{[\text{R-COO}^-][\text{H}_3\text{O}^+]}{[\text{R-COOH}]} = -\log \frac{[\text{R-COO}^-]}{[\text{R-COOH}]} + pH$$

カルボン酸がアルコールに比べてはるかに強い酸であるのは生成したカルボキシラートイオンが共鳴により安定化するためである．また，カルボン酸のpK_aはカルボキシル基のα位の置換基の影響を受ける．たとえば，酢酸の水素を一つずつ塩素原子に置き換えていくと，塩素原子が増えるにしたがってpK_aは小さくなり，酸性が強くなる．これは塩素原子の電子求引効果によりカルボキシラートイオンが安定化するためである．

$$CH_3COOH \quad ClCH_2COOH \quad Cl_2CHCOOH \quad Cl_3CCOOH$$
$$(pK_a = 4.76) \quad (pK_a = 2.87) \quad (pK_a = 1.29) \quad (pK_a = 0.70)$$

12.3 カルボン酸の合成と反応

a. カルボン酸の合成

$KMnO_4$, CrO_3, $K_2Cr_2O_7$ などを用いて第一級アルコールまたはアルデヒドを酸化するとカルボン酸が得られる．これがカルボン酸の代表的な合成法である．

$$R-CH_2-OH \xrightarrow{酸化剤} R-CHO \xrightarrow{酸化剤} R-COOH$$

アルキルベンゼンを$KMnO_4$によって酸化すると，アルキル置換基がカルボキシル基に変換される．この反応が起こるためにはベンジル位の水素が必要なので，t-ブチルベンゼンは酸化されない．

ニトリルを酸や塩基で加水分解してもカルボン酸が得られる（12.6節）．

$$R-C\equiv N \xrightarrow[H^+ \text{ or } OH^-]{H_2O} RCOOH$$

11.7節で学んだハロホルム反応（ヨードホルム反応）を用いると，メチルケトン類からカルボン酸を合成できる．

$$R-\underset{\underset{O}{\|}}{C}-CH_3 + 3\,I_2 + 4\,KOH \longrightarrow RCOOK + 3\,KI + 3\,H_2O + CHI_3$$

Grignard 試薬と二酸化炭素との反応によってもカルボン酸は合成できる.

$$RCH_2-MgCl + O=C=O \longrightarrow RCH_2-CO_2MgCl \xrightarrow{H_3O^{\oplus}} RCH_2-CO_2H + Mg(OH)Cl$$

b. 酸塩化物の合成

カルボン酸は塩化チオニル,三塩化リン,あるいは五塩化リンにより酸塩化物に変換される.カルボン酸と塩化チオニルとの反応の機構は次のように考えられている.

$$R'-\underset{\underset{O}{\|}}{C}-OH + SOCl_2 \longrightarrow R'-\underset{\underset{O}{\|}}{C}-Cl + SO_2 + HCl$$

[機構]

塩化オキサリルや塩化ベンゾイルのような酸塩化物との交換反応によっても,カルボン酸を酸塩化物に変えることができる.

$$R-\underset{\underset{O}{\|}}{C}-OH + \underset{\text{塩化オキサリル}}{Cl-\underset{\underset{O}{\|}}{C}-\underset{\underset{O}{\|}}{C}-Cl} \longrightarrow R-\underset{\underset{O}{\|}}{C}-Cl + CO_2 + CO + HCl$$

$$R-\underset{\underset{O}{\|}}{C}-OH + \underset{\text{塩化ベンゾイル}}{PhCOCl} \longrightarrow R-\underset{\underset{O}{\|}}{C}-Cl + PhCOOH$$

c. エステル化

カルボン酸はアルコールと反応して対応するエステルを生成する．エステルの合成法として最もよく知られているのは，Fischer のエステルの合成法である．触媒量の硫酸とともに，カルボン酸とアルコールを反応させる．

$$\text{C}_6\text{H}_5\text{-CO}_2\text{H} + \text{C}_2\text{H}_5\text{OH} \xrightarrow{\text{H}_2\text{SO}_4} \text{C}_6\text{H}_5\text{-CO}_2\text{C}_2\text{H}_5 + \text{H}_2\text{O}$$

この反応の平衡は，アルコールをカルボン酸に対して大過剰に用いることによってエステル側にかたよらせることができる．反応の第1段階は，カルボキシル基のカルボニル酸素へのプロトンの付加である．この付加によってカルボキシル炭素は大きなプラス電荷を帯びるので，求核性の弱いアルコールでも容易にこの炭素を攻撃できるようになり，付加が起こる．プロトンがヒドロキシ基の酸素上に移動した後，水が脱離し，そこからさらにプロトンが脱離するとエステルが生成する．

d. カルボン酸の還元

カルボン酸は，LiAlH_4 によりアルデヒドを経由して第一級アルコールに還元できる．

$$\text{R}^1\text{-COOH} \xrightarrow{\text{LiAlH}_4} \text{R}^1\text{-CHO} \xrightarrow{\text{LiAlH}_4} \text{R}^1\text{-CH}_2\text{OH}$$

12.4 エステル

a. エステルのアルカリ加水分解

一般に，エステルのアルカリ存在下での加水分解はけん化とよばれる．最終的にアルカリ金属塩になる不可逆反応である．水酸化物イオンのエステルカルボニル炭素に対する求核攻撃が律速段階である．この反応は四面体中間体を経由して進行することが広く認められている．

b. エステルの酸加水分解

酸触媒を用いるカルボン酸エステルの加水分解は，カルボン酸のエステル化反応の逆反応である（12.3 c 節）．酸性条件で加水分解するとき，プロトンが最初に付加する位置はカルボニル酸素である．

c. エステルの還元および Grignard 試薬との反応

エステルは，水素化アルミニウムリチウムによって還元されて第一級アルコールになる．この反応はアルデヒドを経由するが，アルデヒドの段階で還元を止めることは難しい．

エステルは，2 当量の Grignard 試薬と反応して第三級アルコールになる．この反応はエステルのカルボニル基への Grignard 試薬の求核攻撃によって進行し，最初にケトンが生成する．これがさらにもう 1 分子の Grignard 試薬と反応して第三級アルコールを生成する．

d. エステルの縮合：Claisen 縮合反応

α 水素をもつエステルは，アルデヒドやケトンと同様に 1 当量のナトリウムエトキシドのような塩基を作用させると，縮合反応を起こして β-ケトエステルになる．この反応は Claisen 縮合反応とよばれている．

$$2\ H_3C-\underset{OC_2H_5}{\overset{O}{\overset{\|}{C}}} \quad \xrightarrow[\text{2) } H_3O^+]{\text{1) } NaOCH_2CH_3} \quad CH_3CH_2O-\overset{O}{\overset{\|}{C}}-\overset{H_2}{C}-\overset{O}{\overset{\|}{C}}-CH_3 \ +\ CH_3CH_2OH$$

エタノールに金属ナトリウムを加えナトリウムエトキシドをつくり，これに酢酸エチルを加えると，エトキシドと反応して酢酸エチルのメチル基の水素がプロトンとして脱離する．生成したカルボアニオンが求核剤として別の分子の酢酸エチルのカルボニルに対して求核置換反応を起こすと，アセト酢酸エチルを生じる．これはさらにエトキシドと反応して，アセト酢酸エチルのエノラートを生成する．この反応溶液を酸性にすればアセト酢酸エチルが得られる．

Claisen 反応と同じ反応条件でヘキサン二酸エステルの反応を行うと，分子内で環化反応（Dieckmann 縮合反応）が起こる．

e. マロン酸エステル合成法

マロン酸ジエチルの$-CH_2-$は，電子求引性の基にはさまれているため活性メチレン基である．ナトリウムエトキシドのような塩基により容易に水素が脱離する．生成したカルボカチオンは，ハロゲン化アルキルに対して求核剤として作用し，アルキルマロン酸ジエチルを生成する．

アルキル基を導入した後で加水分解するとジカルボン酸となる．これを加熱すると CO_2 が脱離して $R-CH_2CO_2H$ の構造をもつカルボン酸を得ることができる．この一連の反応をマロン酸エステル合成法とよぶ．

12.5 酸塩化物と無水物

酸塩化物はカルボン酸誘導体の中でも最も反応性が高い．空気中の水分と反応して，もとのカルボン酸と塩化水素に分解してしまう．同様に，容易にアルコールと反応するとエステル，アミンと反応するとアミドを生成する．したがって，カルボン酸塩化物からいろいろなカルボン酸誘導体を合成することができる．

カルボン酸の無水物への変換

二つのカルボン酸から1分子の水が脱離して生成した化合物が酸無水物である。酸無水物は，カルボン酸塩化物とカルボン酸のナトリウム塩との反応を用いても合成できる。

12.6　カルボン酸アミドとニトリル

a. アミドの合成

カルボン酸アミドは，単にアミドともよばれる。カルボン酸誘導体の中で最も反応性が低い。カルボニル基の電子求引性によりアミノ基の窒素原子の非共有電子対が酸素原子上に移り，その結果窒素原子の電子密度が下がる。その構造を反映してアミドは大きな極性をもち，強い水素結合によって二量体を形成する。

アミドは，カルボン酸酸化物と第一級アミンまたは第二級アミンとの反応で得られる。反応性は低くなるがカルボン酸塩化物のかわりに酸無水物やエステルも用いられる。

$$R^1-\overset{O}{\underset{}{C}}-O-R^2 + H_2NR^3 \longrightarrow R^1-\underset{\underset{H}{\overset{R^3-N}{|}}}{\overset{\ominus}{\underset{}{C}}}-\overset{\oplus}{\underset{H}{O}}-R^2 \longrightarrow R^1-\overset{O}{\underset{}{C}}-NHR^3 + HO-R^2$$

また，カルボン酸にアミンを混ぜると中和反応により，塩が生成する．生成したアンモニウム塩を高温に加熱して脱水するとアミドが生成する．この反応は，ナイロンなどのポリアミド合成繊維をつくるのに利用されている．

$$R^1COOH + H_2NR^2 \longrightarrow RCOO^\ominus \cdot H_3\overset{\oplus}{N}R \xrightarrow{加熱} R^1CONHR^2 + H_2O$$

$$C_6H_5COOH + C_6H_5NH_2 \longrightarrow C_6H_5COO^\ominus \cdot H_3\overset{\oplus}{N}C_6H_5 \xrightarrow[10\text{ h}]{180\sim225\ ^\circ C} C_6H_5CONHC_6H_5 + H_2O$$

環状のアミドは，ラクタム (lactam) とよばれる．γ-およびδ-ラクタムは相当する4-アミノブタン酸および5-アミノペンタン酸を加熱して，分子内脱水反応によりそれぞれ合成される．ほかにラクタムを合成する便利な方法としてBeckmann転位反応がある．たとえば，シクロヘキサノンとヒドロキシルアミンから生じるオキシムは，硫酸と加熱することによって環拡大を起こし，七員環のε-カプロラクタムになる．

ε-カプロラクタム

アミド結合は安定な結合であるが，酸やアルカリによってアミドを加水分解すると対応するカルボン酸になる．またアミドをLiAlH$_4$で還元するとアミンを生成する．

$$R^1-\underset{\underset{O}{\|}}{C}-NR^2R^3 \xrightarrow[H^+\text{または}OH^-]{H_2O} R^1-\underset{\underset{O}{\|}}{C}-OH + NHR^2R^3$$

$$R^1-\underset{\underset{O}{\|}}{C}-NR^2R^3 \xrightarrow{LiAlH_4} R^1-CH_2-NR^2R^3$$

b. ニトリル

ニトリル基（$-CN$）は 3.5 D の結合双極子モーメントをもつ極性の大きな置換基である．炭素–炭素三重結合と比較するとかなり大きな違いである．ニトリル基は強い電子求引性基である．カルボニル基やニトロ基のような隣接炭素原子上の水素原子は酸性を示すようになる．ニトリル（$R-CN$）に水素を添加すると第一級アミン $R-CH_2NH_2$ が生成する．

ニトリルは次のような反応を用いて合成される．

$$R-X + NaCN \longrightarrow R-C\equiv N + NaX \quad (CN^-\text{による}S_N2\text{反応})$$

$$R-\underset{\underset{O}{\|}}{C}-NH_2 \xrightarrow[-H_2O]{P_2O_5} R-C\equiv N \quad (\text{アミドの脱水})$$

$$\text{Ph}-NH_2 \xrightarrow[H_2O]{NaNO_2,\ HCl} [\text{Ph}-N_2^+\ Cl^-] \xrightarrow[\substack{-N_2\\-CuCl}]{CuCN} \text{Ph}-CN$$

ジアゾニウム塩　　　　　(Sandmeyer 反応)

ニトリルを酸または塩基で加水分解するとアミドを経てカルボン酸になる．

$$R-C\equiv N \xrightarrow[H^+\text{または}OH^-]{H_2O} R-\underset{\underset{O}{\|}}{C}-NH_2 \xrightarrow[H^+\text{または}OH^-]{H_2O} R-\underset{\underset{O}{\|}}{C}-OH$$

まとめ

① カルボン酸はカルボキシル基を有する化合物であり，2分子間で水素結合により

二量体を形成する．その沸点は同じ分子量をもつアルコールよりも高い．
② カルボン酸は，カルボキシラートイオンが安定なため，強い酸である．
③ カルボン酸は，第一級アルコールまたはアルデヒドを酸化することによって得られる．
④ カルボン酸は，容易に酸塩化物に変換でき，エステル化，アミド化反応に用いられる．
⑤ エステル化合物はカルボン酸とアルコールとの脱水縮合反応により得られる．
⑥ カルボン酸を還元すると，アルデヒドを経由して，第一級アルコールを得ることができる．
⑦ エステルのα水素は塩基で容易に引き抜かれ，アニオンが生成する．このアニオンが他のエステルのカルボニル炭素上を攻撃し，縮合反応をおこしてβ-ケトエステルを生成する（Claisen 縮合）．

問題

[1] $C_5H_{10}O_2$ の分子式をもつカルボン酸の異性体を四つ示し，それぞれを命名せよ．また，その中でキラルな分子はどれかを示せ．

[2] 次の各組の化合物を酸性が強い順に並べよ．
 a) クロロ酢酸，トリクロロ酢酸，3-クロロプロパン酸，シュウ酸
 b) 安息香酸，酢酸，ギ酸，フェノール，メタノール

[3] エタノールと酢酸に少量の濃硫酸を加え加熱すると，酢酸エチルが生成する．この反応の機構を示せ．

[4] プロパン酸または 1-ブロモプロパンから出発して，次に示す化合物を合成するにはどうしたらよいか．反応式を使って示せ（2段階以上必要な場合もある）．
 a) 1-プロパノール   b) プロパナール   c) ブタンニトリル
 d) プロペン

[5] アセトアルデヒド（エタナール）の水酸化ナトリウム水溶液に，ヨウ素とヨウ化カリウムの混合水溶液を加えるとヨードホルム反応が起こる．この反応の機構を示せ．

[6] 次に示す試薬を用いてヘキサン酸メチルの反応を行ったときの生成物を構造式で示せ．
 a) $LiAlH_4$，次に H_3O^+ b) 過剰の CH_3MgBr，次に H_3O^+
 c) ジメチルアミン

[7] 次に示す試薬を用いて塩化ブタノイルの反応を行ったときの生成物を構造式で示せ．
 a) $LiAlH_4$，次に H_3O^+ b) 過剰の CH_3MgBr，次に H_3O^+ c) NaOH 水溶液
 d) メチルアミン   e) メタノール   f) 酢酸ナトリウム

◆ 13 ◆
アミンとニトロ化合物

アミンはアンモニアの水素がアルキル基やアリール基で置換された化合物であり，塩基としての性質をもつ．本章では窒素を含む代表的な化合物であるアミン，およびニトロ化合物の構造と反応について学ぶ．

13.1 アミン

アンモニアの水素原子が炭化水素基（アルキル基やアリール基）で置換された化合物をアミン（amine）という．窒素原子についている炭化水素基の数により第一級アミン（primary amine, モノアミン），第二級アミン（secondary amine），第三級アミン（tertiary amine）に分類される．さらに窒素に四つの炭化水素基が結合し，正電荷をもつ化合物を第四級アンモニウム塩（quaternary ammonium salt）という．

H–N(H)–H	R^1–N(H)–H	R^1–N(H)–R^2	R^1–N(R^2)–R^3	R^1–N$^+$(R^2)(R^4)–R^3
アンモニア	第一級アミン	第二級アミン	第三級アミン	第四級アンモニウム塩

第一級アミン（R–NH$_2$）は，基の名称に接尾語アミン -amine をつけて命名される．対称な第二級および第三級アミンは，基の名称の前に di- または tri- をつけ，接尾語アミンを用いて命名される．

CH$_3$CH$_2$NH$_2$	(CH$_3$CH$_2$)$_2$NH$_2$	(CH$_3$CH$_2$)$_3$NH$_2$
エチルアミン (ethyl amine)	ジエチルアミン (diethyl amine)	トリエチルアミン (triethyl amine)

非対称な第二級および第三級アミンの命名は，まず窒素に結合する基のうち最も複雑なものを母体第一級アミンに選ぶ．この第一級アミンの N-置換体として命名する．

CH₃CH₂NHCH₃   CH₃CH₂CH₂CH₂—N—CH₂CH₃
                                                                           CH₃

N-メチルエチルアミン   *N*-エチル-*N*-メチルブチルアミン
(*N*-methylethylamine)   (*N*-ethyl-*N*-methylbutylamine)

また，第一級アミンも母体化合物の誘導体として命名してもよい．

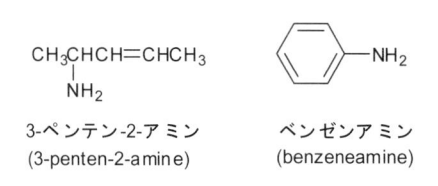

CH₃CHCH=CHCH₃
  |
  NH₂

3-ペンテン-2-アミン
(3-penten-2-amine)

ベンゼンアミン
(benzeneamine)

アミンの窒素原子は，窒素原子の非共有電子対と3本の結合がほぼ正四面体の頂点に伸びた，sp³ 混成軌道をとっている．したがって，第三級アミンの窒素原子についた三つの置換基がすべて異なる場合，鏡像異性体が存在する．しかし，アミンのピラミッド構造は室温で非常に速く反転しているため，鏡像異性体をそれぞれ分割して単離することはできない．

第一級と第二級アミンでは，N–H 結合が分極している．また窒素原子が非共有電子対をもつために，アルコールと同様に分子間水素結合を形成する．したがって，第一級と第二級アミンは，ほぼ同じ分子量をもつ炭化水素に比べて沸点が高くなる．ただし，N–H の分極は O–H の分極より小さいので，アルコールに比べるとその沸点は低い．第三級アミンは，N–H 結合をもたず水素結合をつくらないので，第一級や第二級アミンに比べると沸点は低くなる．第一級アミンであるプロピルアミンを例に，ほぼ同じ分子量をもつ第二級アミン（エチルメチルアミン），第三級アミン（トリエチルアミン）および炭化水素（ブタン），アルコール（プロパノール）の沸点を表 13.1 に示す．

表 13.1 アミンおよび関連化合物の沸点

構造	名称	分子量	沸点(°C)
CH₃CH₂CH₂CH₃	ブタン	58	-0.5
CH₃CH₂CH₂-OH	プロパノール	60	97.2
CH₃CH₂CH₂-NH₂	プロピルアミン	59	49.7
CH₃CH₂-NH-CH₃	エチルメチルアミン	59	36~37
(CH₃)₃N	トリメチルアミン	59	3.4

13.2 アミンの塩基性

アミンの窒素原子が非共有電子対をもつので，水溶液中ではプロトンを受けとり塩基性を示す．その塩基性の強さは塩基解離定数（pK）または塩基解離指数（pK_b）として表される．

$$R^1R^2R^3N: + H_2O \rightleftharpoons R^1R^2R^3NH^+ + {}^-OH$$

代表的なアミンおよびその誘導体の pK_b 値を表 13.2 に示す．脂肪族アミンの塩基性はアンモニアより強い．これは，アミンの N 上に電子供与性であるアルキル基が存在するため，窒素原子の電子密度が高くなるからである．一方，芳香族アミンであるアニリンの塩基性は脂肪族アミンの塩基性に比べるとかなり弱い．これは窒素原子の非共有電子対がベンゼン環に非局在化するためである．ニトロ基のような電子求引性基が置換すると，その塩基性はさらに弱くなり，電子供与性のメチル基が置換していると強くなる．ただし，その効果はニトロ基がメ

表 13.2 アミンおよびその関連化合物の pK_b 値

NH_3	$C_2H_5NH_2$	$(C_2H_5)_2NH$	$(C_2H_5)_3N$
(4.75)	(3.37)	(3.06)	(3.28)

$C_6H_5NH_2$	O_2N-C_6H_4-NH_2 (para)	H_3C-C_6H_4-NH_2 (para)
(9.40)	(13.01)	(9.00)

O_2N-C_6H_4-NH_2 (meta)	$C_6H_4(NO_2)NH_2$ (ortho)
(11.53)	(14.26)

タ位に置換しているときはそれほど大きくない.

13.3　アミンの合成

　アミンの合成は，アンモニアの置換反応，アミド，ニトリル，アジドおよびニトロ化合物の還元反応によって行われる．

　a. ハロゲン化アルキルによる置換反応

　アンモニアは求核性が強く，ハロゲン化アルキルと反応してアンモニウム塩を生じる．これを塩基と反応させるとアミンを遊離させることができる．通常，アンモニアが塩基として作用し第一級アミンが生成する．生成した第一級アミンがさらにハロゲン化アルキルと反応して第二級アミン，第三級アミン，第四級アンモニウム塩が順次生成する．したがって，この反応を用いて目的とするアミンのみを収率よく得ることは難しく，アミンの合成方法としては有用ではない．

$$R^1-X \xrightarrow{NH_3} R^1-\overset{+}{N}H_3\ X^- \xrightarrow[-HX]{\text{塩基}} R^1-NH_2$$

$$(X = Cl, Br, I)$$

$$R^1-NH_2 \xrightarrow[-HX]{\substack{1)\ R^2-X \\ 2)\ \text{塩基}}} \underset{R^2}{\overset{R^1}{{}}}NH \xrightarrow[-HX]{\substack{1)\ R^3-X \\ 2)\ \text{塩基}}} \underset{R^2}{\overset{R^1}{{}}}N-R^3 \xrightarrow{R^4-X} R^2-\overset{R^1}{\underset{R^3}{\overset{|}{N}}}{}^+-R^4\ \ X^-$$

　b. アミド，ニトリル，アジドの還元

　アミンは，アミド，ニトリルやアジドを水素化アルミニウムリチウム（LiAlH$_4$）を用いて還元することにより，あるいは接触還元することによっても得られる．

$$\text{R--C(=O)--NH}_2 \xrightarrow{\text{LiAlH}_4} \text{R--CH}_2\text{--NH}_2 \xleftarrow{\text{LiAlH}_4} \text{R--C}\equiv\text{N}$$

$$\text{R--X} \xrightarrow{\text{NaN}_3} \text{R--N}_3 \xrightarrow{\text{LiAlH}_4} \text{R--NH}_2$$

c. ニトロ化合物の還元

芳香族アミンは，芳香族ニトロ化合物を酸性条件で鉄やスズを用いて還元することで得られる．

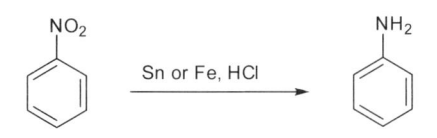

$$\text{C}_6\text{H}_5\text{NO}_2 \xrightarrow{\text{Sn or Fe, HCl}} \text{C}_6\text{H}_5\text{NH}_2$$

13.4 アミンの反応

a. アミンの求核反応

アミンの窒素原子は非共有電子対をもっているので，アミンは求核剤として作用する．第一級や第二級アミンは，13.3 a 節に示したハロゲン化アルキルとの反応と同様に，酸ハロゲン化物や酸無水物などとも反応する．

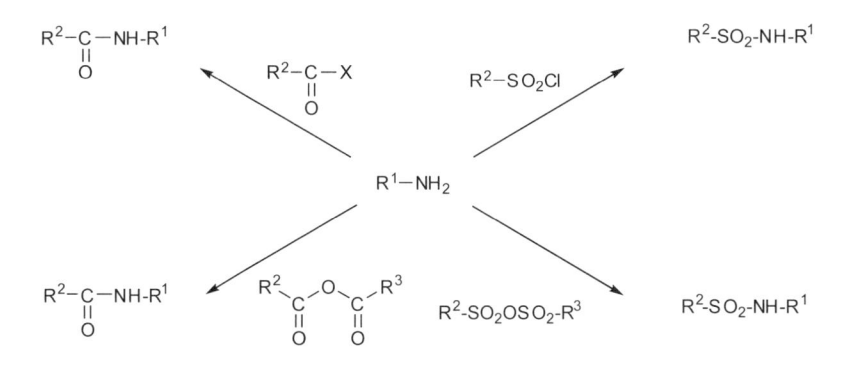

$R^1\text{--NH}_2$ reacts with:
- $R^2\text{--C(=O)--X}$ → $R^2\text{--C(=O)--NH--R}^1$
- $R^2\text{--SO}_2\text{Cl}$ → $R^2\text{--SO}_2\text{--NH--R}^1$
- $R^2\text{--C(=O)--O--C(=O)--R}^3$ → $R^2\text{--C(=O)--NH--R}^1$
- $R^2\text{--SO}_2\text{OSO}_2\text{--R}^3$ → $R^2\text{--SO}_2\text{--NH--R}^1$

b. アミンとニトロソニウムイオンとの反応（ジアゾ化反応）

酸混在下，第一級アミンを亜硝酸ナトリウムと反応させるとジアゾニウム塩が生じる．脂肪族アミンから生じるジアゾニウム塩は非常に不安定であり，単離することはできない．アニリンのような芳香族アミンから生じるジアゾニウム塩は

比較的安定であり，いろいろな化合物を合成する際の中間体として用いられる（反応機構は 10.4 節を参照）．この際，酸が 2 当量必要であることを確認しておこう．

第二級アミンと亜硝酸との反応は，第一級アミンの反応とは異なり，生成物に転移する水素が存在しないのでニトロソアミンが生成する．

$$\begin{matrix} R \\ N-H \\ R \end{matrix} + HO-N=O \longrightarrow \begin{matrix} R \\ N-N=O \\ R \end{matrix} + H_2O$$

ニトロソアミン

c. アミンを用いた末端オレフィン合成（Hofmann 分解）

第四級アンモニウム塩を塩基性の条件で加熱すると，第三級アミンが脱離してアルケンが生成する．この脱離反応は Hofmann 脱離とよばれる．二つ以上のアルケンが生成する可能性がある場合には，通常（Saytzeff 脱離）の場合とは異なり，置換基が少ないアルケンが主生成物となる．数少ない末端オレフィンを戦略的に合成する手法である．

13.5 ニトロ化合物

ニトロ基（$-NO_2$）をもつ化合物をニトロ化合物といい，$R-NO_2$ の一般式で示される．R がアルキル基であるニトロアルカンと，R が芳香環である芳香族ニトロ化合物とがあり，どちらのニトロ化合物においてもニトロ基は下図のような共鳴構造をとっている．

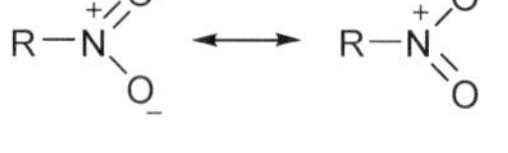

$$R-\overset{+}{N}\begin{matrix}\nearrow O \\ \searrow O\end{matrix} \longleftrightarrow R-\overset{+}{N}\begin{matrix}\nearrow O^- \\ \searrow O\end{matrix}$$

芳香族ニトロ化合物は，混酸（硝酸と硫酸）を用いる芳香族求電子置換反応によって容易に合成される．

ニトロアルカンにおいてニトロ基の α 位の炭素に水素があると，その酸性度はニトロ基の強い電子求引効果によって非常に高くなる．塩基を作用させるとこの水素は容易に脱離する．生成したカルボアニオンを使って，下に示したような求核反応を行うことができる．

$$RCH_2NO_2 \xrightarrow{\text{塩基}} R-\underset{H}{\underset{|}{C}}=NO_2^{\ominus} \xrightarrow{CH_3I} R-\underset{H}{\underset{|}{\overset{CH_3}{\overset{|}{C}}}}-NO_2 + I^{\ominus}$$

まとめ

① アミンは，アンモニアの水素原子がアルキル，アリール基で置換されたものであり，窒素上に非共有電子対をもつ塩基性の化合物である．
② アミンの合成は，アンモニアの置換反応，アミド，ニトリル，アジド，ニトロ化合物の還元反応で得られる．
③ アミンは，窒素上に非共有電子対をもつため，求核剤として反応する．
④ ニトロ基（NO_2）をもつ化合物をニトロ化合物という．

問題

[1] 化合物 a)〜d) を命名せよ．また，それぞれが何級アミンであるかを示せ．

a) (構造式: NH_2 置換イソプロピル)　b) (構造式: H付きNとプロピル，メチル)　c) (構造式: N,エチル,イソプロピル)　d) (構造式: フェニル-N(CH$_3$)$_2$)

[2] 次の各組の化合物を塩基性が強い順に並べよ．
　a) エチルアミン，アセトアミド，アニリン
　b) p-ニトロアニリン，m-ニトロアニリン，アニリン

[3] トリメチルアミンの沸点（3.4℃）は異性体である n-プロピルアミンの沸点（49.7℃）に比べて低い．その理由を説明せよ．

[4] 化合物 A と化合物 B に関する以下の問に答えよ．

A: ベンジル基，メチル，エチル，プロピルが結合した第四級アンモニウム塩（Cl$^-$）
B: メチル，エチル，プロピルが結合したアミン（:付き）

a) 化合物 A において四つの置換基の優先順位を考えて，R 異性体の構造をくさび形と点線を用いて描け．
b) 化合物 A は R 体と S 体に分割することができるが，化合物 B ではできない．その理由を説明せよ．

[5] 次の反応において，A～Jに対応する化合物の構造式を示せ．

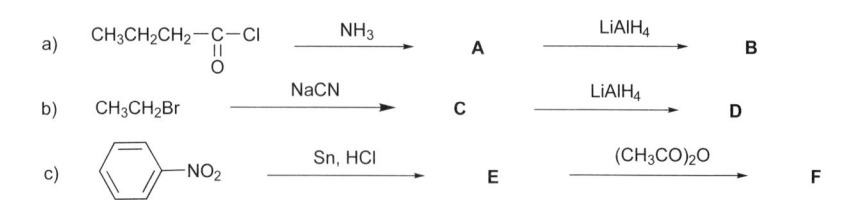

a) $CH_3CH_2CH_2-\underset{\underset{O}{\|}}{C}-Cl \xrightarrow{NH_3} \mathbf{A} \xrightarrow{LiAlH_4} \mathbf{B}$

b) $CH_3CH_2Br \xrightarrow{NaCN} \mathbf{C} \xrightarrow{LiAlH_4} \mathbf{D}$

c) $C_6H_5-NO_2 \xrightarrow{Sn,\ HCl} \mathbf{E} \xrightarrow{(CH_3CO)_2O} \mathbf{F}$

14

複素環化合物

　環を構成する原子として，窒素，酸素，硫黄などのヘテロ原子を一つ以上含む環状化合物を複素環化合物という．複素環化合物は天然物，医薬，農薬，色素などとして，日常生活に深くかかわる有用な化合物であり，非常に多くの複雑な化合物が知られている．本章ではその基礎を学ぶ．

14.1　ピリジン

　ベンゼンの骨格炭素（−CH=）の一つを窒素（−N=）に置き換えたものがピリジンである（図14.1）．ピリジン環の窒素原子は残りの5個の炭素原子と同様にsp^2混成軌道をつくるので，平面六角形構造となっている．平面に垂直なp軌道には1個の電子が入り，ベンゼンと同様に6個のπ電子による環状共役系ができる．窒素原子の非共有電子対は環平面と同じ面にあるsp^2軌道に存在する（図14.1）．ピリジンの塩基性は通常のアミンに比べ弱い．

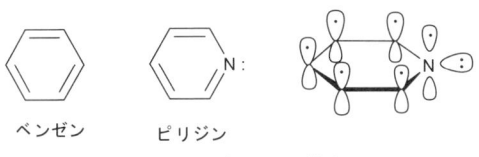

　　　ベンゼン　　ピリジン
図 14.1　ピリジンの構造

窒素原子の非共有電子対により，ピリジンは塩基または求核剤として反応する．

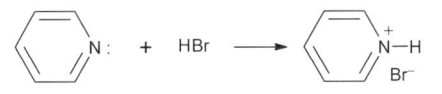

図 14.2　塩基，求核ピリジン

　また，ピリジンは芳香族性を示す（芳香族性については4.6節を参照）．したがって，ベンゼンと同様に求電子置換反応を受ける．ただし窒素原子の電子求引

性のために，ピリジン環の炭素の電子密度は低く，ベンゼンに比べると求電子置換反応は起こりにくくなる．そのために，反応を行うには強い反応条件が必要になり，置換は3位で起こることになる（図14.3）．

図 14.3　ピリジンの求電子置換反応

ベンゼンとは逆に，ピリジン環では求核的な置換反応が起こりやすい．ナトリウムアミドとの反応では水素の発生とともに，2-アミノピリジンが生成する．また，4-クロロピリジンとナトリウムメトキシド（$NaOCH_3$）との反応ではClがOCH_3に置き換わる．

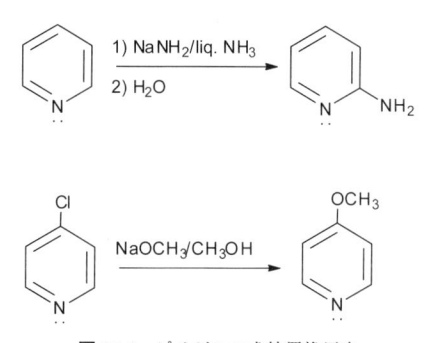

図 14.4　ピリジンの求核置換反応

14.2　ピロールとフラン

ピロールは平面の五員環化合物であり，sp^2混成した窒素原子と4個のsp^2混成した炭素原子からなる（図14.5）．ピロールでは窒素原子の非共有電子対が環平面に垂直なp軌道に存在する，これと四つの炭素原子のp軌道に存在するπ電子が，6πの環状共役系をつくる．したがって，ピロールは芳香族性を示す．また，ピロールの窒素原子の非共有電子対が五員環全体に非局在化しているので（図14.5），窒素原子とプロトン（H^+）との反応は起こりにくい．したがって，

塩基性は非常に弱い．

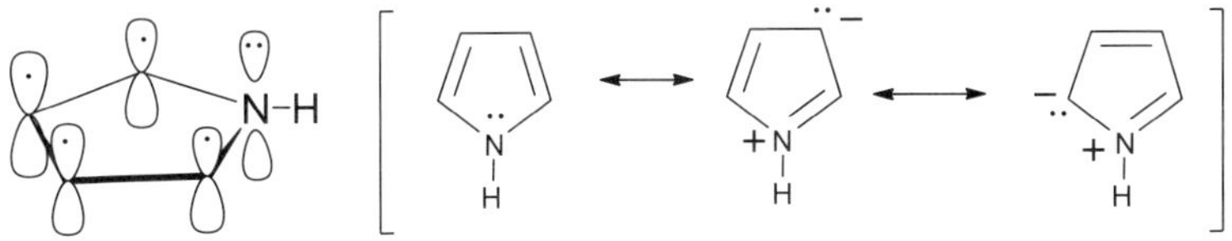

図 14.5 ピロールの構造

ピロールの NH を O や S に置き換えたものはそれぞれフラン，チオフェンという．フランでは，酸素原子に存在する 2 組の非共有電子対のうち 1 組が酸素原子の p 軌道に，もう 1 組が環の sp^2 混成軌道に存在する．したがって，ピロールの場合と同様に，p 軌道に存在する 2 個の π 電子が環状共役系に組み込まれるので，6 π の環状共役系になり芳香族性を示す（図 14.6）．

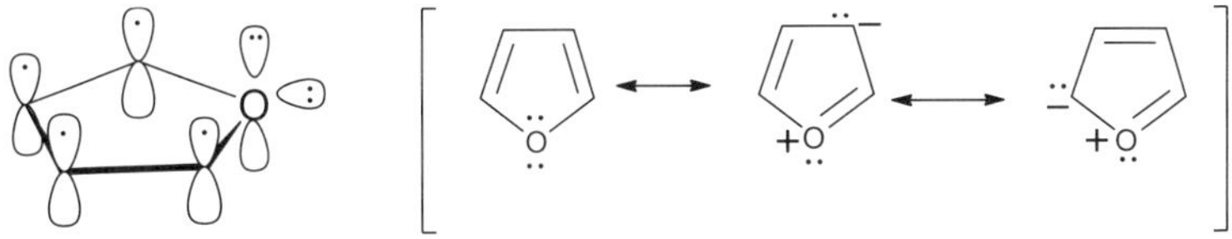

図 14.6 フランの構造

ピロール，フラン，チオフェンのいずれも芳香族化合物であり，ベンゼンと同様に求電子置換反応を受ける．ただし，共鳴エネルギーが小さいので，反応性が大きくなり，温和な条件でも反応する．これらの反応の置換中間体は，2 位では

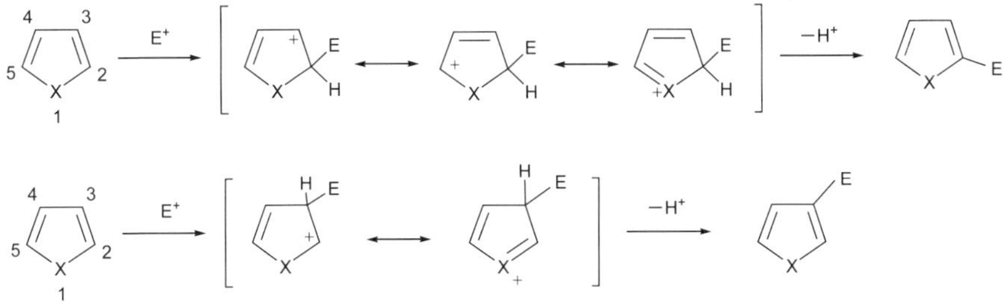

図 14.7 ピロール，フラン（X=O）およびチオフェン（X=S）の求電子置換反応

三つの共鳴構造が書けるが，3位は二つしか書けない．このため，主生成物は2位への置換体になる（図14.7）．

14.3 そのほかの複素環化合物

ピペリジンとピロリジンは，シクロヘキサンとシクロペンタンの骨格炭素（−CH₂−）の一つを−NH−にそれぞれ置き換えたものである（図14.8）．これらの化合物は脂肪族アミンと類似の性質を示す．

ピペリジン　　ピロリジン　　コニイン　　　　　　ニコチン

図14.8　ピペリジン，ピロリジンとその誘導体

炭素骨格の炭素原子を二つ以上のヘテロ原子で置き換えた化合物も存在する．ピリジン環の炭素原子をさらに窒素原子で置き換えると，ピリダジン，ピリミジン，ピラジンになり，ピロール，フランの3位の炭素を窒素原子で置き換えるとイミダゾール，オキサゾールになる（図14.9）．

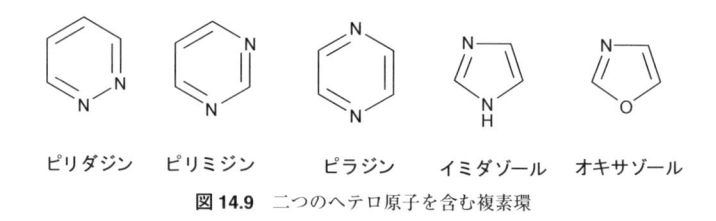

ピリダジン　ピリミジン　ピラジン　イミダゾール　オキサゾール

図14.9　二つのヘテロ原子を含む複素環

まとめ

① ピリジン，ピロール，フランは芳香族性を示す．
② ピリジン環は窒素原子の電子求引性のため，炭素の電子密度はベンゼンより低い．このため，求電子置換反応は起こりにくく，求核置換反応は起こりやすい．
③ ピロール，フランなどでは，ベンゼンに比べて共鳴安定化エネルギーが小さいので，求電子置換反応を起こしやすい．

問題

[1] 図 14.3 に示された反応の中間体（E^+ が付加したカチオン）の共鳴混成体について，すべての共鳴構造式を描け．また，C2 および C4 位に付加が起こった中間体に予想される共鳴構造式を書き，ピリジンの求電子置換反応が C3 位で起こりやすい理由を説明せよ．

[2] 図 14.7 を参考にして，ピロールの臭素化反応の中間体を示せ．

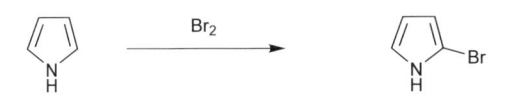

[3] 複素環化合物であるイミダゾール，インドール，プリンは芳香族化合物であるか．芳香族化合物である場合には，何 π 電子系であるかを示しなさい．

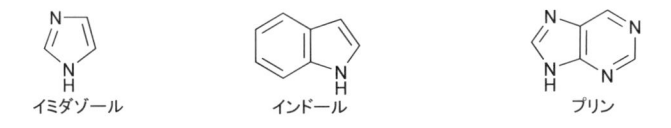

[4] ピロールはアミンの一種であるが，ピリジンに比べて非常に弱い塩基である．その理由を説明せよ．

15

生体構成物質

　糖類，脂質，タンパク質などの生体構成物質も，すでに学んできた官能基の性質や反応に基づいて理解できる．本章ではこれらの複雑な物質の性質や，簡単な有機分子からどのように組み立てられているかを学ぶ．

15.1 糖　類

　糖類は炭水化物 $(CH_2O)_n$ の別称で，「ポリヒドロキシアルデヒドまたはポリヒドロキシケトン，および加水分解によりこれらの化合物が生成する物質」と定義することができる．デンプンは加水分解され，最終的にはそれ以上加水分解されない炭水化物になる．このようなそれ以上加水分解されない炭水化物を**単糖**という．単糖どうしが二つつながったものが**二糖**，三つつながったものが**三糖**で，デンプンのように多数つながったものを**多糖**という．

15.2 単 糖 類

　分子中の炭素原子の数で分類できる．3個の単糖を**トリオース**（三炭糖類），4個のものを**テトロース**（四炭糖類），5個のものを**ペントース**（五炭糖類），6個のものを**ヘキソース**（六炭糖類）という．また，アルデヒド基をもつ単糖を**アルドース**，ケトン基をもつものを**ケトース**と総称する（図15.1）．

```
CH=O        CH=O        CH=O        CH=O
|           |           |           |
CHOH        CHOH        CHOH        CHOH
|           |           |           |
CH2OH       CHOH        CHOH        CHOH
            |           |           |
            CH2OH       CHOH        CHOH
                        |           |
                        CH2OH       CHOH
                                    |
                                    CH2OH

トリオース   テトロース   ペントース   ヘキソース
```

図 15.1　いろいろなアルドース

　アルドトリオースに属するものはグリセルアルデヒドのみであるが，これには

15.2 単 糖 類

鏡像異性体が存在する（図15.2）．3.2.2項で学んだように，糖の場合にはDL表示がよく用いられる．

```
    CH=O              CH=O
H—C—OH          HO—C—H
    CH₂OH             CH₂OH

D-(+)-グリセルアルデヒド    L-(-)-グリセルアルデヒド
```

図 15.2 グリセルアルデヒドの鏡像異性体

テトロースには2個の不斉炭素が存在し，2種類のジアステレオマー（エリトロースとトレオース）とその鏡像異性体が存在する（3.2.3項，図15.3）．

```
    CH=O        CH=O        CH=O        CH=O
H—C—OH    HO—C—H    HO—C—H    H—C—OH
H—C—OH    HO—C—H    H—C—OH    HO—C—H
    CH₂OH       CH₂OH       CH₂OH       CH₂OH

D-(-)-エリトロース  L-(+)-エリトロース  D-(-)-トレオース  L-(+)-トレオース
```

図 15.3 エリトロースとトレオース

天然に存在する単糖の多くがペントースとヘキソースである．このうち広く存在するのはペントースのリボース，アルドヘキソースのグルコース（ブドウ糖）とガラクトースおよびケトヘキソースであるフルクトース（果糖）である（図15.4）．

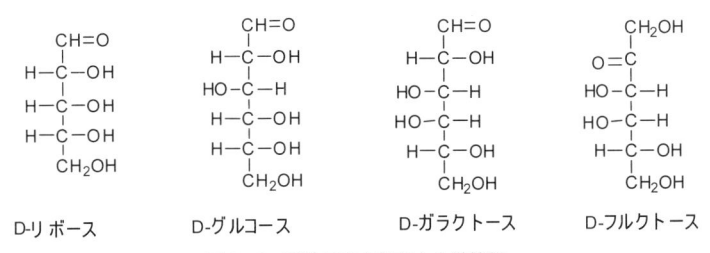

```
    CH=O         CH=O         CH=O         CH₂OH
H—C—OH      H—C—OH     H—C—OH      C=O
H—C—OH      HO—C—H     HO—C—H      HO—C—H
H—C—OH      H—C—OH     HO—C—H      H—C—OH
    CH₂OH        H—C—OH      H—C—OH       H—C—OH
                   CH₂OH         CH₂OH        CH₂OH

D-リボース    D-グルコース   D-ガラクトース  D-フルクトース
```

図 15.4 天然に広く存在する単糖類

グルコースでは5位のヒドロキシ基とアルデヒド基との間で分子内ヘミアセタールが形成され，六員環構造となっている（図15.5）．

ヘミアセタールが形成されると，sp^2混成のカルボニル炭素原子はsp^3混成の

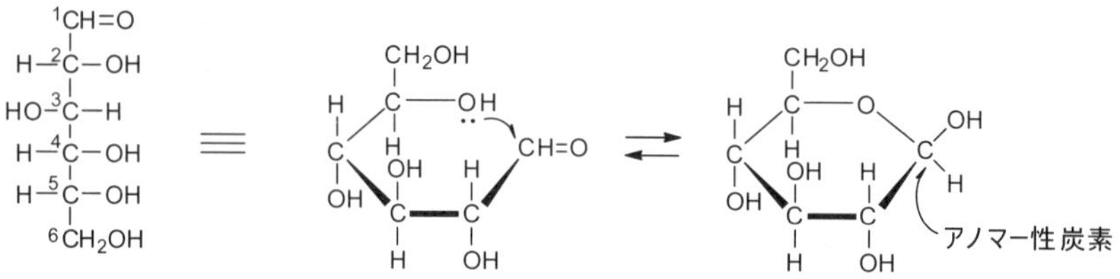

D-グルコース

図 15.5 環状ヘミアセタールの生成

炭素原子になる．環が形成されることによって，新たに生成した sp^3 炭素のことをアノマー性炭素という．環状のヘミアセタールはアノマー性炭素原子に結合している OH の向きにより α 形（OH が環の下を向く）と β 形（OH が環の上を向く）に区別される．このような炭素原子の立体配置だけが逆の関係にある異性体をアノマーという．

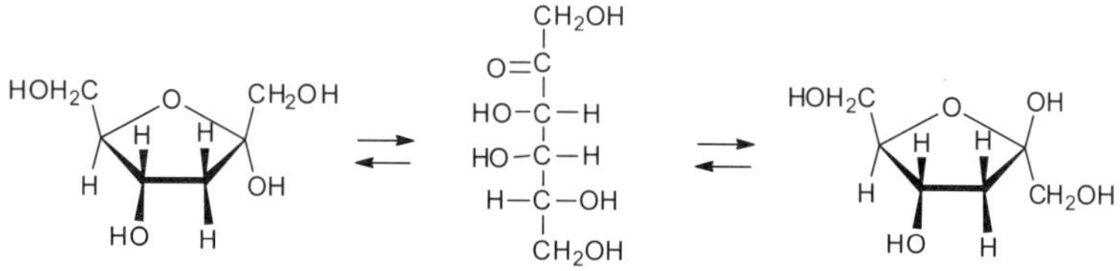

α-D-フルクトース　　D-フルクトース　　β-D-フルクトース

図 15.6 ケトヘキソースと五員環ヘミアセタール

ケトヘキソースの代表的な例であるフルクトースは，ケトンがヘミアセタールを形成して五員環になる（図 15.6）．

これらの環は実際にはいす形や舟形の構造をしているが，環を平面とした表示法として Haworth 投影式がよく用いられている（図 15.7）．

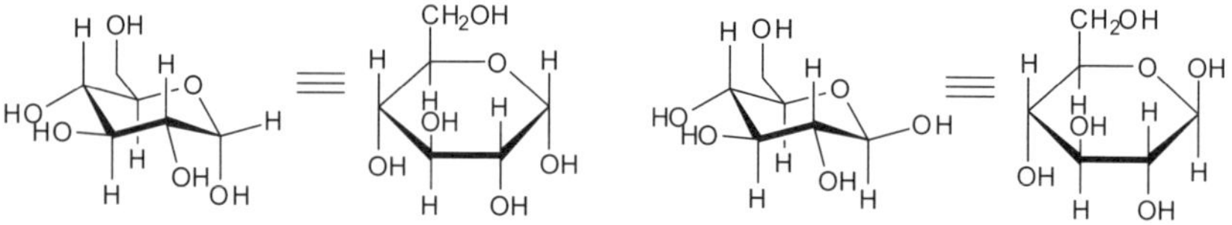

α-D-グルコース　　Haworth 投影式　　β-D-グルコース　　Haworth 投影式

図 15.7 グルコースのいす形構造と Haworth 投影式

15.3 二 糖 類

単糖のアノマー性ヒドロキシ基は酸性条件で容易にアルコールが付加し，アセタールが生成する．このときアノマー性ヒドロキシ基のみが反応するのは，プロトン化により脱水され生じるカルボカチオンが共鳴安定化するためである．例としてグルコースとメタノールとの反応を示す（図 15.8）．

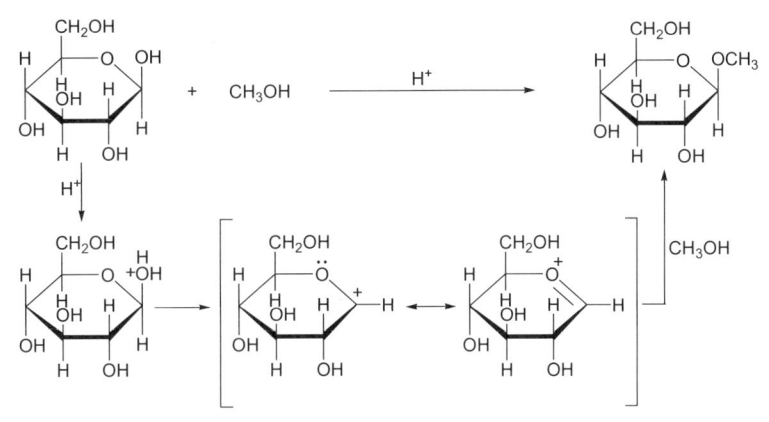

図 15.8 グルコースとメタノールとの反応

このようにして生成したアセタールをグリコシドという．また，アノマー性炭素と OR 基との結合をグリコシド結合という．ある単糖のアノマー性炭素と別の単糖のヒドロキシ基とがグリコシド結合を介して縮合してできたものが二糖である．例として食卓で用いられる砂糖（ショ糖，スクロース）があげられる．これはグルコースのアノマー性ヒドロキシ基とフルクトースの 2 位のヒドロキシ基とがグリコシド結合によって結びついている（図 15.9）．

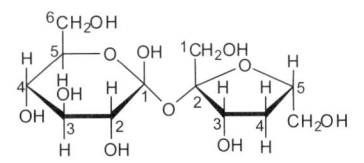

図 15.9 ショ糖（スクロース）の構造

15.4 多 糖 類

多くの単糖がグリコシド結合で縮合してできる高分子化合物を多糖類という．セルロースやデンプンがその代表的な例である．どちらも数百から数千のグルコース分子が縮合している．α形グルコースの1位と4位とで縮合してできたものがデンプンであり，β形グルコースが縮合してできたものがセルロースである．デンプンは実際にはアミロースと，アミロペクチンから構成されている．アミロースはグルコースが1位と4位で縮合して直線状につながったものであり，アミロペクチンはアミロース鎖の途中で6位のヒドロキシ基がほかの鎖と結びつき，枝分かれしたものである．

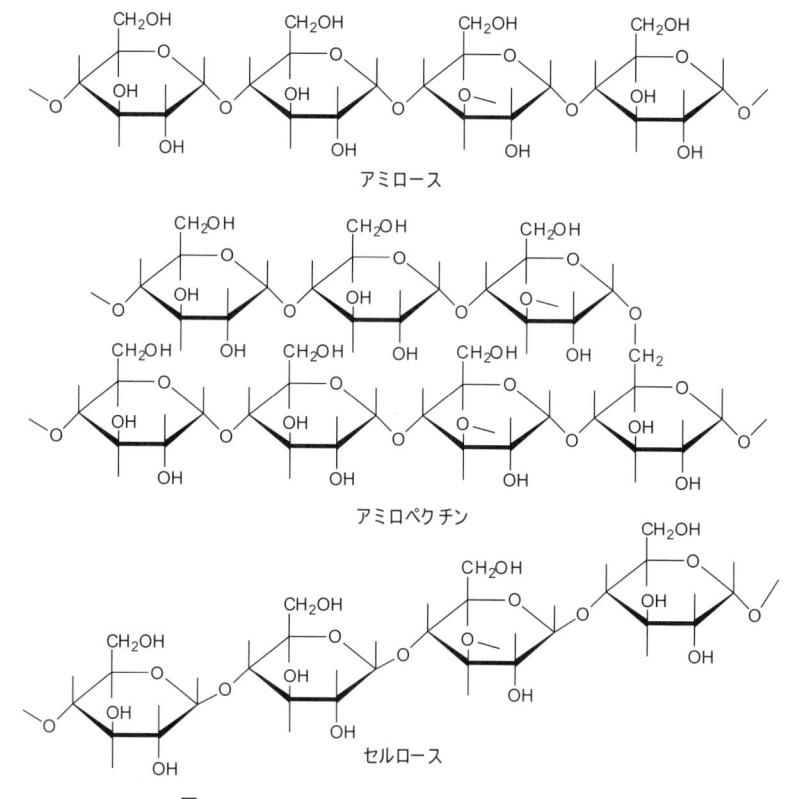

図 15.10 アミロース，アミロペクチン，セルロース

15.5 脂　　質

　脂質は長鎖カルボン酸のエステルであり，脂肪酸とグリセリンのエステルであるグリセリドがその代表的な例である（図 15.11）．

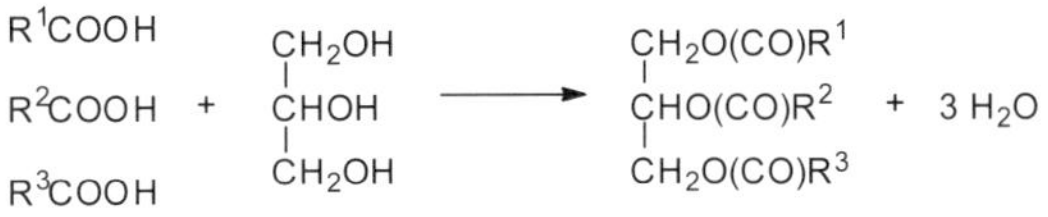

$$R^1COOH \quad\quad CH_2OH \quad\quad\quad CH_2O(CO)R^1$$
$$R^2COOH \;+\; CHOH \;\longrightarrow\; CHO(CO)R^2 \;+\; 3\,H_2O$$
$$R^3COOH \quad\quad CH_2OH \quad\quad\quad CH_2O(CO)R^3$$

図 15.11 脂質（トリグリセリド）の生成

　グリセリドは油脂の主成分として動植物中に存在している．油脂の成分となる脂肪酸の例を表 15.1 に示す．その脂肪酸は主として炭素数が 10 以上の，枝分かれのないアルキル基であり，アルキル基に二重結合がない**飽和脂肪酸**と二重結合がある**不飽和脂肪酸**がある．構成している脂肪酸に飽和脂肪酸が多く含まれる油脂では炭素鎖が規則正しく並んでいるので，常温で固体になりやすい．不飽和脂肪酸が多く含まれている油脂では分子の構造が不規則になるので，常温で液体である場合が多い．

　一般に，植物油には不飽和脂肪，または二重結合を多数含む多不飽和脂肪が多く，液体であるものが多い．一方，動物の脂肪には飽和脂肪の割合が多い．また，これらの油脂に化学反応を行うことによって，飽和と不飽和の組成を変えることができる．不飽和脂肪の炭素-炭素二重結合に水素を付加させると飽和脂肪になる．植物油を部分的に水素化するとマーガリンにみられるような軟らかい固

表 15.1 脂肪から得られる代表的なカルボン酸

名称	構造
ラウリン酸	$CH_3(CH_2)_{10}COOH$
ミリスチン酸	$CH_3(CH_2)_{12}COOH$
パルミチン酸	$CH_3(CH_2)_{14}COOH$
ステアリン酸	$CH_3(CH_2)_{16}COOH$
アラキン酸	$CH_3(CH_2)_{18}COOH$
オレイン酸	$CH_3(CH_2)_7CH=CH(CH_2)_7COOH$
リノール酸	$CH_3(CH_2)_6CH=CHCH_2(CH_2)_7COOH$
リノレン酸	$CH_3CH_2CH=CHCH_2CH=CHCH_2CH=CH(CH_2)_7COOH$

体ができる.

　また，油脂を水酸化ナトリウムで加水分解するとグリセリンと脂肪酸のナトリウム塩，すなわちせっけんが生成する．このように脂肪を塩基を用いて加水分解することを，せっけん化という意味でけん化という（図 15.12）.

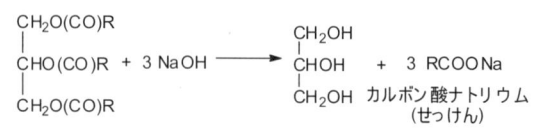

$$\begin{array}{l} CH_2O(CO)R \\ | \\ CHO(CO)R \\ | \\ CH_2O(CO)R \end{array} + 3\,NaOH \longrightarrow \begin{array}{l} CH_2OH \\ | \\ CHOH \\ | \\ CH_2OH \end{array} + 3\,RCOONa\ (カルボン酸ナトリウム（せっけん）)$$

図 15.12　グリセルアルデヒドのけん化

　せっけんの分子は，無極性の長い炭素鎖（アルキル基）と，正負の電荷をもつカルボン酸ナトリウム部分からできている．長いアルキル基の部分には極性がないため，油になじみやすく（**親油性**），カルボン酸ナトリウムの部分は極性があるので水になじみやすい（**親水性**）．親油性の部分が水に溶解しにくい油汚れを取り囲み，親水性の部分が外側に集まることにより，せっけんは油汚れを水に溶かすことができる（図 15.13）.

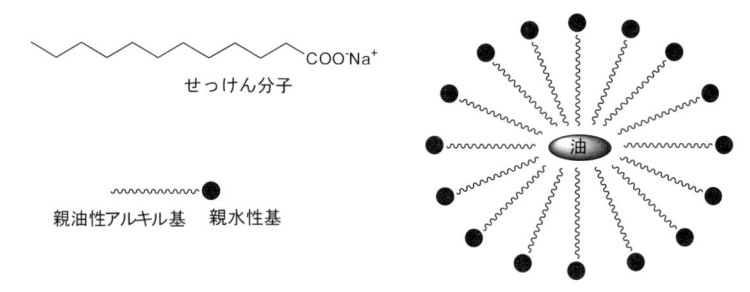

図 15.13　せっけんの構造と洗浄作用

15.6 アミノ酸

　アミノ酸はアミノ基とカルボキシル基とが分子内に含まれる化合物である．アミノ基が結合している炭素原子がカルボキシル基の α 位あると α-アミノ酸，β 位にあると β-アミノ酸とそれぞれよばれる．α-アミノ酸はタンパク質の構成物質である．地球上に存在する生体に由来するタンパク質はわずか 20 種類の α-アミノ酸からできており（図 15.14），プロリンを除いですべて $RCH(NH_2)COOH$ のような一般式で表すことができる.

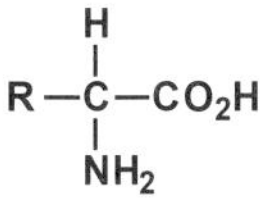

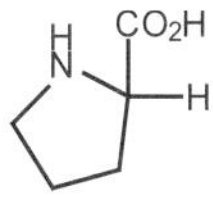

15.7 ペプチドとタンパク質

R	名称	略号	R	名称	略号
—H	グリシン	Gly	—CH(OH)—CH₃	スレオニン	Thr
—CH₃	アラニン	Ala	—CH₂SH	システイン	Cys
—CH(CH₃)₂	バリン	Val	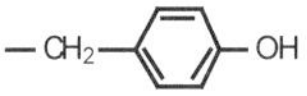 —CH₂—C₆H₄—OH	チロシン	Tyr
-CH₂—CH(CH₃)₂	ロイシン	Leu	—CH₂—CONH₂	アスパラギン	Asn
—CH₂—CH(CH₃)(CH₂CH₃)	イソロイシン	Ile	—CH₂—CH₂—CONH₂	グルタミン	Gln
			—CH₂—CO₂H	アスパラギン酸	Asp
			—CH₂—CH₂—CO₂H	グルタミン酸	Glu
—CH₂CH₂—SCH₃	メチオニン	Met	—(CH₂)₄—NH₂	リシン	Lys
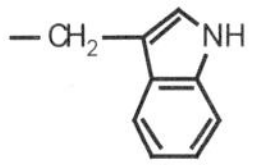 —CH₂-(インドール)	トリプトファン	Trp	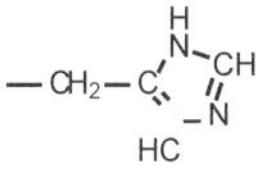 —CH₂-(イミダゾール)	ヒスチジン	His
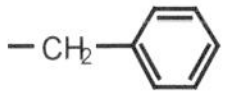 —CH₂-(C₆H₅)	フェニルアラニン	Phe	—(CH₂)₃-NH-C(=NH)NH₂	アルギニン	Arg
—CH₂OH	セリン	Ser			

図 15.14 天然に存在する主な α-アミノ酸

　グリシン以外のアミノ酸では中心の炭素が不斉になるので，鏡像異性体が存在するが，タンパク質を構成している天然のアミノ酸は，そのほとんどすべてが L 系列のアミノ酸である（3.2.2 項，図 15.15）．

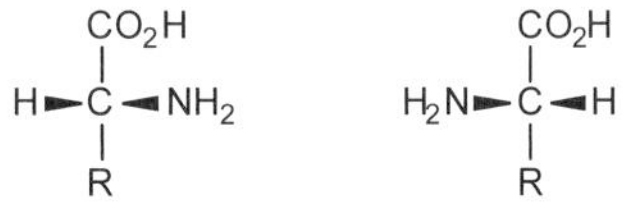

D-α-アミノ酸　　L-α-アミノ酸

図 15.15 α-アミノ酸の鏡像異性体

15.7 ペプチドとタンパク質

　α-アミノ酸のアミノ基とカルボキシル基とが分子間で脱水縮合すると，二つのアミノ酸はアミド結合（−CO−NH−）によってつながる（図 15.16）．アミノ

酸の場合には生じたアミド結合をペプチド結合といい，二つのアミノ酸が結合した化合物をジペプチドとよぶ．さらに構成されるアミノ酸の数により，トリペプチド，テトラペプチド，……，ポリペプチドとよばれる．ペプチド結合を形成する炭素－窒素単結合は約 1.32 Å の結合距離をもち，通常の炭素-窒素単結合より短いが，二重結合よりは長い．これはペプチド結合を形成する炭素-窒素結合が二重結合性をもつためであり（12.6 a 節），炭素-窒素結合の自由回転はかなり束縛されている．したがって，アミド結合は同一平面上にあり，二つの置換基は立体障害の少ないトランス形として存在する（図 15.16）．

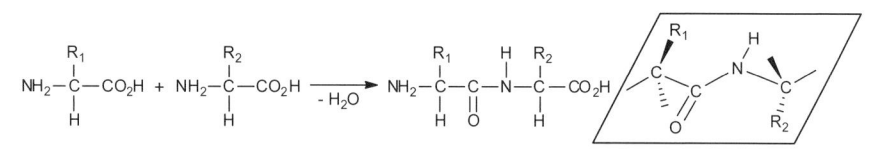

図 15.16 ペプチド結合の生成

タンパク質は少なくとも 100 個以上のアミノ酸からなるポリペプチドである．わずか 20 種のアミノ酸からできているにもかかわらず，多種多様なタンパク質が存在するのは，20 種のアミノ酸の配列順序や結合しているアミノ酸の数が異なるためである．アミノ酸の配列順序をタンパク質の一次構造という．一次構造を表すとき，構成単位となるアミノ酸の略号を用いる．遊離のアミノ基をもつ末端のアミノ酸（N-末端残基という）を左側に，右側に遊離のカルボキシル基をもつアミノ酸（C-末端残基という）を書く（図 15.17）．

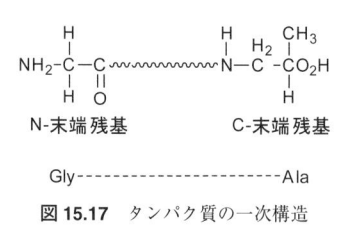

図 15.17 タンパク質の一次構造

タンパク質はアミノ酸が 1 列に配列した長い分子鎖からできているので，同じ分子鎖内において NH 基が離れた位置にある別のペプチドのカルボニル基との間で $C=O \cdots H-N$ の水素結合することが可能になる．このことを利用して，ポリペプチドの分子鎖は α-ヘリックスとよばれるらせん構造や，β-シートとよばれるひだ状の平面構造をつくる．このような立体的に一定の規則正しいくり返し構造をタンパク質の二次構造という．さらにタンパク質はポリペプチド鎖が鎖の途中で折り曲がり，球状の形（三次構造）をもつことができる．ポリペプチド鎖の三次構造の維持には，チオール基をもつシステインの側鎖どうしでのジスルフィド

結合の形成，正および負に荷電した側鎖間のイオン性の結合，ヒドロキシ基やカルボキシル基をもつ側鎖との水素結合，非極性のアルキル基側鎖との疎水的相互作用などが分子内の相互作用として働く．また，複数のポリペプチド鎖が会合することにより，タンパク質がいろいろな機能を発現することがある．このような複数のポリペプチド鎖が会合したときの分子全体の形をタンパク質の四次構造という．

まとめ

① 糖は分子内ヘミアセタールを形成し，環状構造をとる．このヘミアセタールを形成した炭素を**アノマー性炭素**といい，この炭素に関する立体配置の異なる異性体を**アノマー**という．

② 油脂を水酸化ナトリウムの存在で加水分解するとグリセリンと脂肪酸のナトリウム塩（せっけん）が生成する．このように，脂肪を塩基を用いて加水分解することを，**けん化**という．

③ α-アミノ酸の脱水縮合によって形成されたアミド結合は，**ペプチド結合**とよばれる．ペプチド結合により連結されたアミノ酸でタンパク質が構成される．

④ ペプチド結合における炭素と窒素間の結合は，二重結合性をもち，自由回転せず，**ペプチド結合を形成する NH － CO は同一平面上に存在する**．

⑤ タンパク質の構造には階層性があり，アミノ酸配列を一次構造，水素結合によって形成される規則的な構造である**α-ヘリックス**や**β-シート**を，二次構造とよぶ．ペプチド鎖の折りたたみによってつくられる立体構造を三次構造，さらにこれらが会合して形成される構造を四次構造という．

問題

[1] トレハロース（Trehalose）は二糖である．Haworth の投影式を書きなさい．またその加水分解産物の名称を答えなさい．この分解産物はフェーリング試薬に陽性を示すか答えなさい．

[2] D-リボースの環状ヘミアセタールの構造を Haworth の投影式で書きなさい．

[3] グリシンとアラニンの構造をα炭素を中心にして，くさび形と点線を用いて立体が分かるように書きなさい．

[4] α-ヘリックスでは n 番目のペプチド結合における NH は，何番目のペプチド結合のカルボニル基と水素結合を形成するか調べなさい．

[5] 次の化合物の構造式を書きなさい．
　　a）ラウリン酸ナトリウム　b）オレイン酸エチル　c）三パルミチン酸グリセル

16

ポリマー状物質

　ポリマー（高分子）とは，モノマー（単量体）とよばれる小さな単位を，いくつも繰り返し結合させてつくった巨大な分子のことである．本章ではどのような反応によりモノマーからポリマーが生成するか，ポリマーの性質がどのようにして発現されるかを学ぶ．

16.1 ポリマーとモノマー

　ポリマー（高分子）生成の基本単位であるモノマーには，分子内に二つ以上の結合部位が必要である．モノマーが分子内に存在する二つの異なった反応点（官能基）を使って分子間での反応をくり返すことで（重合），ポリマーが生成する．その様子を図 16.1 a に示す．ポリマーの生成において，モノマーの官能基は必ずしも異なったものを二つ分子内にもつ必要はない．分子内に同じ官能基をもつ二種類のモノマーからもポリマーは生成する（図 16.1 b）．

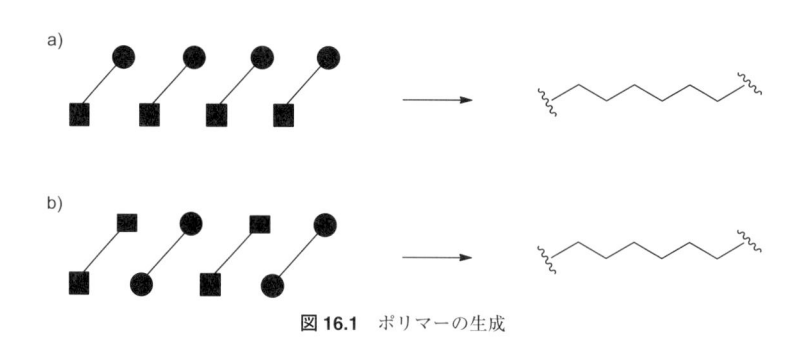

図 16.1 ポリマーの生成

　ポリマーには，単一のモノマーから生成したホモポリマー（単独重合体）と二つ以上のモノマーから生成したコポリマー（共重合体）がある．二つのモノマー（A と B）から生成するコポリマーには，交互形，ランダム形，ブロック形，グ

ラフト形の四つの種類が存在する（図 16.2）．

―ABABAB―　　　―AAABABB―　　　―AAAABBBB―　　　―AAAAAA―
　　　　　　　　　　　　　　　　　　　　　　　　　　　　　　　　|
　　　　　　　　　　　　　　　　　　　　　　　　　　　　　　　BBB―

　交互形　　　　　　ランダム形　　　　　　ブロック形　　　　　　グラフト形

図 16.2　コポリマーにおけるモノマー単位の配列様式

16.2　線状ポリマーと枝分かれポリマー

　分子内に二つの結合部位をもつモノマーから線状ポリマーが生成する．線状ポリマーでは，個々のポリマー鎖は互いに静電的，あるいは van der Waals 力（4.2節）により会合する．低分子量の化合物ではこれらの相互作用はそれほど大きいものではないが，ポリマーのような巨大分子間ではそれらの相互作用がきわめて多くなる．このため，ポリマーは固体や非常に粘性の高い液体となる．また，分子内に三つ以上の反応点をもつモノマーから生成すると，ポリマー鎖の間に化学結合が存在するようになり，枝分かれあるいは橋かけ構造をもつ大きなポリマーができる．これらは線状ポリマーに比べて硬くて，柔軟性がない．

　　　　橋かけポリマー　　　　　　　　　枝分かれポリマー

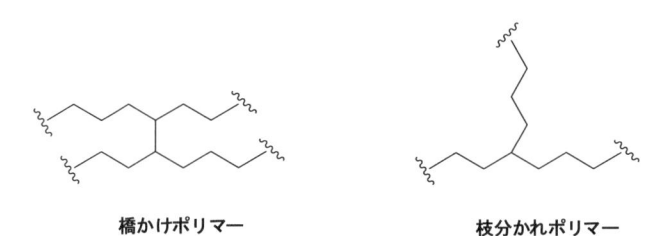

図 16.3　橋かけポリマーと枝分かれポリマー

16.3　重合の様式

　ポリマーを生成するための重合には，大別して縮合重合と付加重合がある．付加重合にはさらにラジカル重合，イオン重合（カチオンまたはアニオン）が知られている．

　a．ラジカル重合

　ラジカルがモノマーであるエテン（エチレン）に付加すると，π結合はσ結合

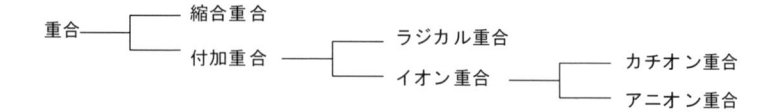

```
重合 ─┬─ 縮合重合
      └─ 付加重合 ─┬─ ラジカル重合
                    └─ イオン重合 ─┬─ カチオン重合
                                    └─ アニオン重合
```

とラジカルになる．この反応で生じたラジカルがさらに別のエテンに付加して，再び σ 結合とラジカルを生成する．この反応のくり返しによってポリマー（ポリエチレン）が生成する．ラジカル重合を開始させるのに**重合開始剤**が用いられる．すなわち，熱や光により開始剤が分解してラジカルを発生し，そのラジカルがエテンと反応しはじめる．ラジカルの付加により弱い π 結合が失われて強い σ 結合が生成するので，各段階は約 20 kcal mol^{-1} の発熱反応となり，そのために一度ラジカル付加が起こるとポリマーは成長し続けることになる．しかし，成長しているポリマー鎖の末端のラジカルと別のラジカルとの間で反応が起こると，ラジカルは消滅し，ラジカル重合も停止する．このような重合の停止過程にはラジカルどうしの再結合が起こるときと不均化が起こるときがある（図 16.4）．

図 16.4 ラジカル重合

スチレンが重合して得られるポリスチレンは，ラジカル重合により得られるポリマーの代表例である．ポリスチレンは加熱されると変形しやすくなり，冷却されると硬化するという可逆的な性質（熱可塑性）をもつので，射出成形が容易で

あり，いろいろな日常品に使われている．

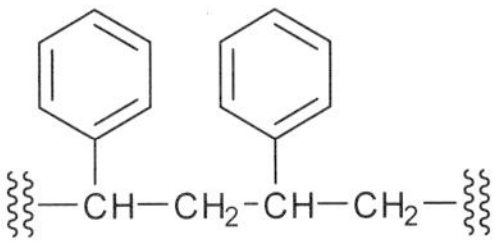

ポリスチレン

エチレンの四つの水素をフッ素に置き換えたテトラフルオロエチレンが重合するとポリテトラフルオロエチレンができる．いわゆるテフロンである．

b. イオン重合

炭素-炭素二重結合がカチオンにより求電子攻撃を受けると，ラジカル重合と同様に，新しい σ 結合とカチオンが生成する．生成したカルボカチオンが新たに求電子剤となり，**カチオン重合**が起こる．図 16.5 に 2-メチルプロペンのカチオン重合の過程を示す．カルボカチオンのプラス電荷のある炭素に隣接する炭素からプロトンが失われると，重合が停止する．

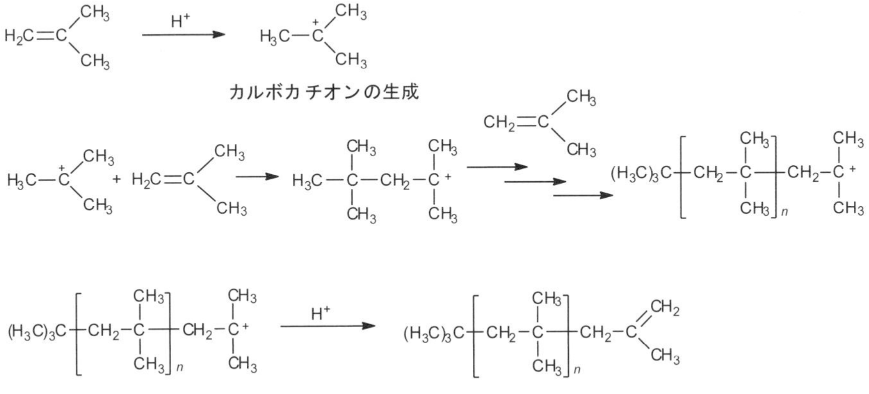

カルボカチオンの生成

プロトンの脱離によるポリマー成長の停止

図 16.5 カチオン重合

また，電子求引性の置換基をもつオレフィンに求核剤が反応するとカルボアニオンが生じ，カチオン重合と同様にアニオン重合が起こる．電子求引性の置換基としてシアノ基やカルボメトキシ基などが知られている．反応の開始剤には通常アルキルリチウムのような有機金属化合物が用いられる（図 16.6）．アニオン重

合にははっきりとした停止過程がないため，原料のモノマーがなくなるまでポリマーは成長しつづける．したがって，ラジカル重合より長いポリマー鎖が得られる．重合を途中で停止させるには水やアルコールなどのプロトンを発生するものを加える．アニオン重合が理想的に進行すれば，モノマーが全部消費されてもポリマーの生成末端は活性である（すなわち生きている）．この系に新たにモノマーを加えると，再び重合が進行する．このような重合を生成末端が「生きている」という意味から，リビング重合という．リビング重合では，生成末端の活性が保たれているので，新しく加えるモノマーの種類を代えると，ブロック形コポリマーが効率よく合成できる．

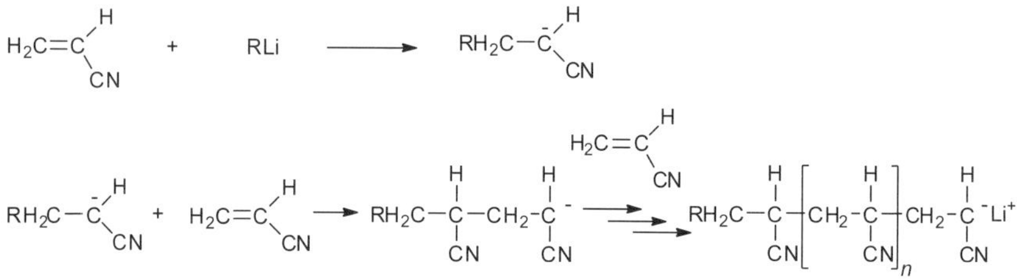

図 16.6 アニオン重合

アニオン重合の原料となるモノマーは炭素-炭素二重結合を有する化合物のみではない．エチレンオキシドも塩基触媒により環が開いて重合を起こす（図 16.8）．

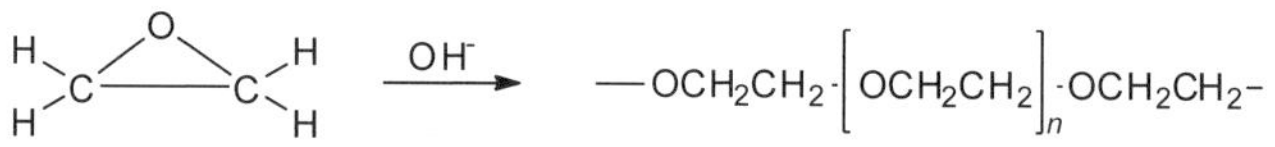

図 16.7 エチレンオキシドのアニオン重合

c. 縮合重合

カルボン酸とアルコールの脱水縮合によりエステルが，またカルボン酸とアミンの反応によりアミドが生成する（第 12 章）．同様の反応により，ジカルボン酸とジオールの反応からはポリエステルが生成し，ジカルボン酸とジアミンの反応からはポリアミドが生成する（図 16.8）．

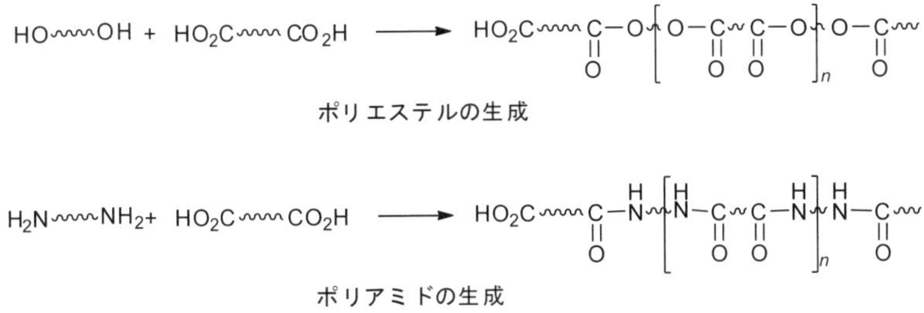

図 16.8 ポリエステルとポリアミド

　通常，付加重合によりつくられる多くのポリマーは細くて長い繊維状の分子鎖をもつ．一方，縮合重合によりつくられるポリマーの中には**尿素樹脂**（図 16.9）のように，三次元網目状構造をもつものがある．これは尿素とホルムアルデヒドとの縮合によりつくられる．三次元網目状の構造をもつポリマーに熱を加えると硬くなり，これを**熱硬化性**という．

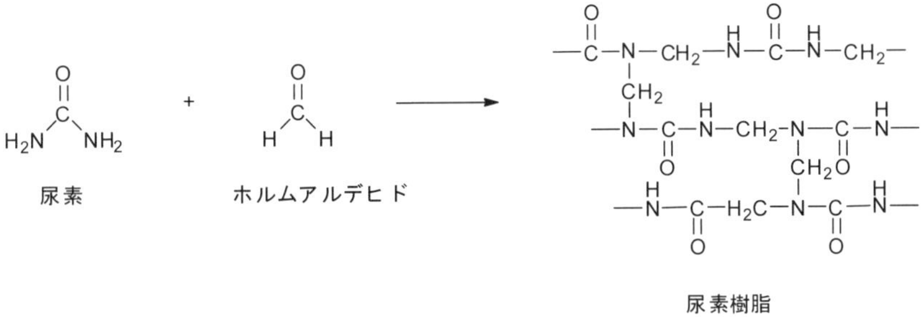

図 16.9 尿素樹脂の生成

　熱硬化性樹脂の代表的なものにフェノール樹脂がある．これはフェノールが o-位および p-位でホルムアルデヒドと縮合反応をくり返すことによってできるので，フェノール樹脂は架橋した構造をもっている（図 16.10）．
　フェノール樹脂はベークライト（Bakelite）の商品名でよく知られており，成形プラスチック部品や耐熱性軽量材料として利用されている．

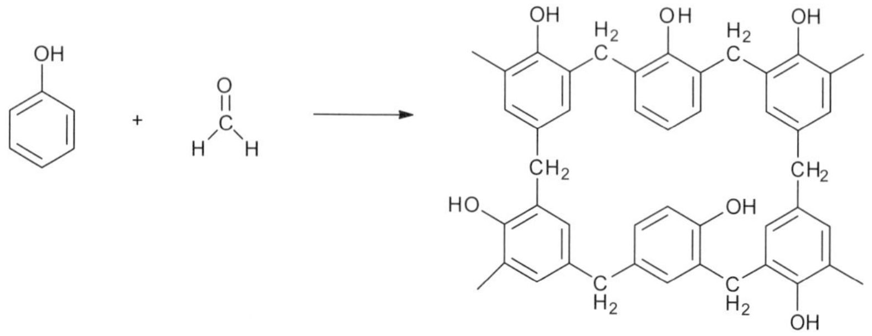

図 16.10　フェノール樹脂の生成

16.4　立体規則性ポリマー

　一置換ビニル化合物の重合から生成するポリマー鎖の炭素原子は，一つおきにキラル中心となる．このキラル炭素の立体配置がランダムなものをアタクチック，すべて同一の立体配置のものをイソタクチック，立体配置が交互に変化しているものをシンジオタクチックという．ポリプロピレンのイソタクチックな立体構造とシンジオタクチックな立体構造を図 16.11 に示す．

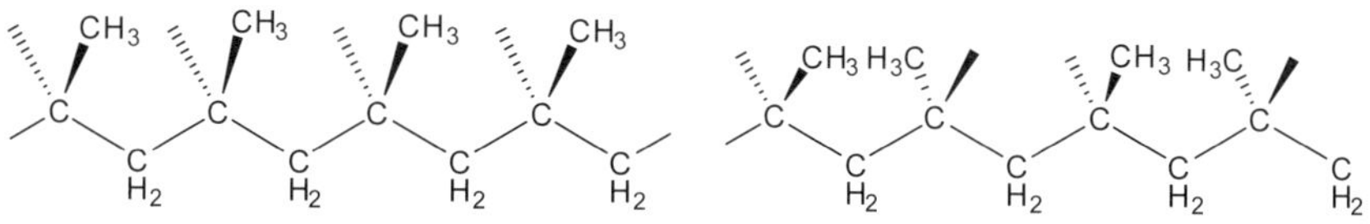

イソタクチック　　　　シンジオタクチック

図 16.11　ポリプロピレンのイソタクチック構造とシンジオタクチック構造

　通常，プロピレンのラジカル重合では，アタクチックなポリプロピレンが生成する．しかし，トリアルキルアルミニウムを塩化チタンと反応させることによって得られた，有機金属の錯体触媒（Ziegler-Natta 触媒）を用いて重合させると，イソタクチックポリプロピレンが得られる．
　規則的に配列した鎖どうしの van der Waals 相互作用は無秩序に並んだものの相互作用に比べると大きいので，イソタクチックポリプロピレンは結晶性にすぐれ，融点の高いポリマーになる．

まとめ

① ラジカル重合は，重合開始剤などにより発生したラジカルが，モノマーの炭素上にラジカルを生じさせ，この炭素ラジカルがもう1分子のモノマーに付加し，さらにラジカルを生じさせることで連鎖的に重合が起こる．ラジカルどうしの再結合や不均化により重合は停止する．

② カチオン中間体やアニオン中間体を経る重合をそれぞれ，カチオン重合，アニオン重合とよぶ．

③ ポリマー鎖においてキラル炭素の立体配置がランダムなものを**アタクチック**，キラル炭素がすべて同一の立体配置のものを**イソタクチック**，およびキラル炭素の立体配置が交互に変化しているものを**シンジオタクチック**という．

④ Ziegler–Natta触媒はイソタクチックなポリプロピレンを合成できる触媒として知られている．

問 題

[1] スチレンがラジカル重合してポリスチレンができる過程を，各反応段階ごとに示しなさい．また，ポリスチレンは頭と頭 (head to head) でつながるよりも，頭と尾 (head to tail) で重合する．その理由を説明しなさい．

[2] 炭素-炭素の単結合の結合エネルギーは約 $83\,\text{kcal mol}^{-1}$，炭素-炭素の二重結合の結合エネルギーは約 $146\,\text{kcal mol}^{-1}$ である．メチルラジカルがエチレンに付加してプロピルラジカルが生成するとき，何キロカロリー kcal mol^{-1} の発熱反応になるかを計算で求めなさい．（$1\,\text{cal} = 4.186\,\text{J}$）

[3] 次のモノマーは，アニオン重合とカチオン重合のどちらを起こしやすいか．理由をあげて説明せよ．

a) $\text{CH}_2=\text{C}(\text{CH}_3)_2$ b) $\text{CH}_2=\text{CH-C(=O)-CH}_3$ c) $\text{CH}_2=\text{CH-OCH}_2\text{CH}(\text{CH}_3)_2$

[4] ポリアミドである6,6-ナイロン，およびポリエステルであるポリエチレンテレフタレート（PET）の構造を次に示す．6,6-ナイロンおよびPETの出発原料となるそれぞれ2組のモノマーの構造を示せ．

6,6-ナイロン: $+[\text{NH-(CH}_2)_6\text{-NH-C(=O)-(CH}_2)_4\text{-C(=O)}]_n$

ポリエチレンテレフタレート: $+[\text{O-C(=O)-C}_6\text{H}_4\text{-C(=O)-O-CH}_2\text{CH}_2]_n$

[5]　ε-カプロラクタムに塩基を加えると開環重合が起こり，6-ナイロンが生成する．アミドと求核剤との反応を参考にして，6-ナイロンが生成する機構を書きなさい．

問題解答

第2章

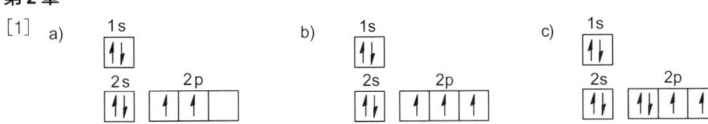

[1] a), b), c) 電子配置図(1s, 2s, 2p 軌道)

[2] a) すべて sp^3, b) sp, c) sp^3, sp^2, d) すべて sp^2

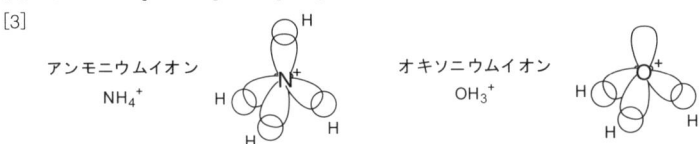

[3] アンモニウムイオン NH_4^+ オキソニウムイオン OH_3^+

第3章

[1] 異性体は光学異性体も含めて 23 種類である.

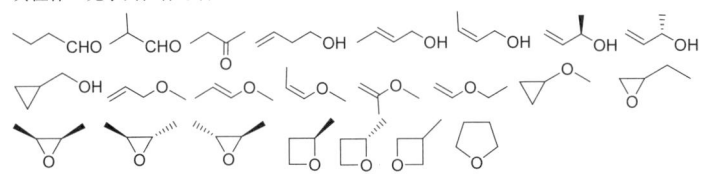

[2] a) シクロヘキシル-*CH(OH)COOH b) シクロヘキセニル-*C*H(OH)COOH c) ブロモ・ジメチルシクロヘキシル-*C*H(OH)COOH

[3] a) —Br > —Cl > —CH$_2$Br > —CHCl$_2$
   b) —C$_6$H$_5$ > —C≡CH > —CH=CH$_2$ > —CH$_2$CH$_3$
   c) —CO$_2$H > —CHO > —CH$_2$OH > —CH$_2$NH$_2$

[4] a) S, b) R, c) S, d) R

[5] a) S, S 配置 b) R, R 配置 c) S, S 配置 d) R, S 配置

[6] cis-1,2-ジクロロシクロヘキサンの反転した形は,もとの配座の鏡像異性体と一致する.この分子はメソ体であるから,鏡像異性体は存在しない.

第4章

[1] a) Ö::C::Ö   b) H:N:H (with H below)   c) H:Ö:H (with H+)   d) H:Ö:N:Ö⁻ (with :Ö: below, N⁺)

[2] a) (1,4-ジクロロベンゼン) < (1,2-ジクロロベンゼン)   b) CO_2 < SO_2 c) (trans-1,2-ジブロモシクロペンタン) < (cis-1,2-ジブロモシクロペンタン)

[3] a) $CH_2=CH-O-CH=CH_2$ ↔ ⁻$CH_2-CH=\overset{+}{O}-CH=CH_2$ ↔ $CH_2=CH-\overset{+}{O}-CH=CH_2^-$

b) $CH_3-CO-CH=CH-CH=CH_2$ ↔ $CH_3-\overset{O^-}{\underset{}{C}}=\overset{+}{CH}-CH=CH-CH=CH_2$ (省略)
↔ $CH_3-\overset{O^-}{\underset{}{C}}=CH-\overset{+}{CH}-CH=CH_2$ ↔ $CH_3-\overset{O^-}{\underset{}{C}}=CH-CH=CH-\overset{+}{CH_2}$

c) (PhOCH₃ 共鳴構造 4つ)

[4] フェノキシドイオン（フェノールのアニオン）は，酸素原子の非共有電子対をベンゼン環のπ軌道に非局在化させ，共鳴安定化している．この安定化が得られることにより，フェノールのイオン解離はアルコールに比べて有利になり，より強い酸性を示す．

(フェノール → フェノキシドイオン + 共鳴構造3つ)

[5] 一般にアミドには次のような共鳴安定化があり，窒素原子へのH^+の付加は起こりにくくなり，塩基性は弱くなる．

アセトアミド：$R = CH_3$

第5章

[1] a) 2-メチルペンタン，b) 2,2,4-トリメチルヘキサン，c) 2,2,5,5-テトラメチルヘキサン，d) 3-エチル-2-メチルヘキサン，e) エチルシクロペンタン，f) 1-t-ブチル-4-メチルシクロヘキサン

[2]
a) $CH_3CHCH_2CH_2CH_3$ (CH₃上)
b) $CH_3CH-CHCH_2CH_2CH_2CH_3$ (CH₃ CH₃ 上)
c) $CH_3CCH_2CHCH_3$ (CH₃ CH₃ 上，CH₃ 下)
d) シクロプロパン-C(CH₃)(CH₃)
e) $CH_2CH_2CH_2CH-CHCH_2CH_3$ (CH₂CH₃ 上, CH(CH₃)₂ 下)
f) $CH_3CH_2CHCH_2CH_2CH_3$ (C(CH₃)₃ 上)
g) $CH_3CH_2-CH-C-CHCH_2CH_3$ (CH₃ CH₃ CH₃ 上, CH₃ 下)

[3]
$CH_3CH_2CH_2CH_2CH_3$ $CH_3CHCH_2CH_3$ (CH_3 上) CH_3CCH_3 (CH_3 上下)
ペンタン   2-メチルブタン   2,2-ジメチルプロパン

問 題 解 答

[4] 立体異性体を考慮しない場合，3種類が得られる．

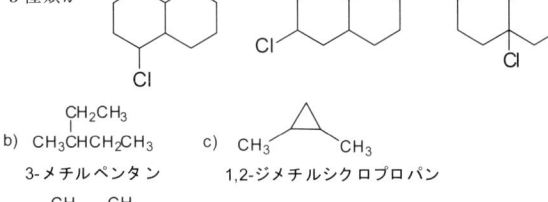

[5] a) CH₃CH₂CH₂CH₂CH₂CH₃ ヘキサン
b) CH₃CH(CH₃)CH₂CH₂CH₃ 3-メチルペンタン
c) 1,2-ジメチルシクロプロパン
d) CH₃CH₂-CH(CH₃)CH(CH₂CH₃)CH₃ 3,4-ジメチルヘキサン
e) CH₃CH(CH₃)CH₂CH(CH₃)CH₃ 2,4-ジメチルペンタン

第6章

[1] a) (E)-2-ペンテン，b) (Z)-2,5-ジメチル-3-ヘキセン，c) 3-メチル-1-ペンテン，d) 6-エチル-3-オクチン，e) 3-ペンテン-1-イン

[2] a), b), c) 構造式

[3] a), b), c), d) 反応式

[4] a), b), c), d), e) 構造式

第7章

[1] a) 1-クロロブタン，b) 2-ブロモ-2-メチルブタン，c) 1,1-ジクロロエテン，d) 1-フルオロ-2-メチルプロパン，e) 1-ブロモ-5-クロロ-2-メチルヘプタン

[2] a), b), c) 構造式

[3] a) 1-ブロモペンタン＞2-ブロモペンタン＞2-ブロモ-2-メチルブタン，b) 1-ブロモヘキサン＞ブロモシクロヘキサン＞ブロモベンゼン，c) 1-ブロモプロパン＞1-ブロモ-2-メチルプロパン＞1-ブロモ-2,2-ジメチルプロパン

[4] a) (CH₃)₃CCl ＞ CH₃CHClCH₃ ＞ CH₃CH₂CH₂Cl，b) CH₃CH＝CHCH₂Cl ＞ CH₂＝CHCH₂CH₂Cl ＞ CH₃CH₂CH＝CHCl，c) (C₆H₅)₂CHCl ＞ C₆H₅CH₂Cl ＞ C₆H₅Cl

[5] a) S_N1 反応，b) E2 反応，c) S_N2 反応，d) E1 反応

第8章

[1] a) 3-ペンタノール，b) 3-メチル-1,5-ヘキサンジオール，c) 2-シクロヘキセノール，d) フェニルメタノール，e) ビス(2-クロロエチル)エーテル，f) 1-シクロヘキセニルメチルエーテルまたは1-メトキシシクロヘキセン

[2] a) (trans-3-methylcyclohexanol) b) (3-isopropylhexan-... alcohol) c) 1-bromo-4-ethoxybenzene d) 3-bromo-2-chlorobutan-1-ol

[3] a) (chloromethyl)cyclopentane b) (bromomethyl)cyclopentane c) cyclohexanone d) 3-methylbutanal e) tetrahydrofuran

[4]
a) PhCH₂CH₂OH → (PCC) → PhCH₂CHO   PCC: Pyridine·HCl·CrO₃

b) PhCH₂CH₂OH → (SOCl₂ または PBr₃) → PhCH₂CH₂X (X = Cl or Br) → (Mg, エーテル) → PhCH₂CH₂MgX → (H₂O) → PhCH₂CH₃

[5]
a) epoxide + H⁺ → protonated epoxide → ring-opened cation with OH and OH₂⁺ → −H⁺ → trans-cyclopentane-1,2-diol + cis-cyclopentane-1,2-diol (1:1)

b) CH₃CH₂–MgBr + epoxide → CH₃CH₂CH₂CH₂–O–MgBr → (H₃O⁺) → CH₃CH₂CH₂CH₂–OH

第9章

[1]
a) 1,2-ジブロモベンゼン, 1,3-ジブロモベンゼン, 1,4-ジブロモベンゼン

b) 2,3-ジニトロフェノール, 2,4-ジニトロフェノール, 2,5-ジニトロフェノール, 2,6-ジニトロフェノール, 3,4-ジニトロフェノール, 3,5-ジニトロフェノール

c) 1-クロロ-2-メチルベンゼン (o-クロロトルエン), 1-クロロ-3-メチルベンゼン (m-クロロトルエン), 1-クロロ-4-メチルベンゼン (p-クロロトルエン), クロロメチルベンゼン (塩化ベンジル)

[2]
$CH_3COCl + AlCl_3 \longrightarrow CH_3-\overset{+}{C}=O + AlCl_4^-$

ベンゼン + $CH_3\overset{+}{C}=O$ → [アレニウムイオン共鳴構造 3種] → $-H^+$ → PhCOCH₃

[3]

[反応機構の図：(CH₃)₃C-Cl + AlCl₃ → (CH₃)₃C⁺ + AlCl₄⁻、続いてベンゼンとの反応によるσ錯体の共鳴構造、−H⁺ で t-ブチルベンゼン生成]

[4] a) o-およびp-トルエンスルホン酸，b) m-カルボキシスルホン酸，c) o-およびp-ブロモベンゼンスルホン酸，d) o-およびp-メトキシベンゼンスルホン酸．
　　反応速度：アニソール＞トルエン＞ベンゼン＞ブロモベンゼン＞安息香酸メチル

[5] a) エチルベンゼン＞安息香酸＞ニトロベンゼン，b) 1,3,5-トリヒドロキシベンゼン＞1,2-ジヒドロキシベンゼン＞フェノール

[6] a) Br—Br + FeBr₃ → Br⁺ + FeBr₄⁻，ベンゼンとBr⁺の反応によるσ錯体、−H⁺ でブロモベンゼン生成

b) HNO₃ + 2H₂SO₄ → O=N⁺=O + H₃O⁺ + 2HSO₄⁻，ベンゼンとニトロニウムイオンの反応、−H⁺ でニトロベンゼン生成

c) ベンゼンとSO₃の反応によるσ錯体、−H⁺ でベンゼンスルホン酸 (SO₃H) 生成

[7] 主生成物はイソプロピルベンゼン（クメン）である．1-クロロプロパンとAlCl₃との反応では，まず非常に不安定なプロピルカチオンが生成するが，水素の転位によって容易にイソプロピルカチオンに変わる．このイソプロピルカチオンがベンゼンと反応するので主生成物はイソプロピルベンゼンである．

　ベンゼン + CH₃CH₂CH₂Cl / AlCl₃ → イソプロピルベンゼン

　CH₃CH₂CH₂Cl + AlCl₃ → [CH₃CH₂CH₂⁺] → CH₃CH⁺CH₃

[8] 求電子剤 E⁺ がナフタレンのC1とC2で反応した場合に生成するσ錯体の共鳴構造式を考慮すると，C1で反応した場合の方が多くの共鳴構造式を書くことができより安定であるから，反応はC1で起こる．

　C1で反応した場合の主な中間体　　　　C2で反応した場合の主な中間体

第10章

[1] 第4章 [4] の解答を参照．

[2] a) ベンゼン → (HNO₃/H₂SO₄) → ニトロベンゼン → (Cl₂/FeCl₃) → m-クロロニトロベンゼン

b) トルエン → (HNO₃/H₂SO₄) → p-ニトロトルエン → (KMnO₄) → p-ニトロ安息香酸

c) ベンゼン → (CH₃COCl/AlCl₃) → アセトフェノン → (HNO₃/H₂SO₄) → m-ニトロアセトフェノン

d) トルエン → (KMnO₄) → 安息香酸 → (HNO₃/H₂SO₄) → m-ニトロ安息香酸

[3] 求電子置換反応においてメチル基とヒドロキシ基はともにo-およびp-配向性であるが，ヒドロキシ基の方がその効果が強いので，反応はヒドロキシ基のo-位で起こる.

[4] アニリン → (Br₂) → 2,4,6-トリブロモアニリン → (1) HCl or H₂SO₄, 2) NaNO₂) → ジアゾニウム塩 (X = Cl or HSO₄) → (H₃PO₂) → 1,3,5-トリブロモベンゼン

[5] 求電子置換反応においてアニリンはo-およびp-配向性である.しかし，アニリンは酸性条件下ではプロトンが付加してアニリニウムイオンを生じる.このイオン種はm-配向性であるから，通常のニトロ化の条件(HNO₃/H₂SO₄)を用いると，アニリンからm-ニトロ体とp-ニトロ体の混合物が得られる.

[6] フェノールの酸性は，そのヒドロキシ基からプロトンが解離してできるフェノレートイオンが安定であるほどに大きくなるので，電子求引基(NO₂, CNなど)をヒドロキシ基のo-またはp-位に導入すればよい.特にニトロ基をp-位に導入した場合は，ニトロ基によるアニオンの安定化によって，フェノールの酸性が強くなる.

[7] a) 安息香酸 b) フタル酸 c) 安息香酸 d) m-クロロ安息香酸

第11章

[1] アルデヒドは，ホルミル基を有する分子の総称であり，一般式RCHOで表される.きわめて酸化されやすく，容易に相当するカルボン酸になる.カルボニル基に由来する反応はケトンと同様であるが，アルデヒドは還元性を有する点でケトンとは異なる(フェーリング試験，銀鏡反応).ケトンは一般式RR'COで表される分子の総称であり，R, R'がともにアルキル基の場合に脂肪族ケトン，どちらかがアリール基の場合に芳香族ケトンと呼ばれる.また，カルボニル基が環内に含まれる場合には環状ケトンと呼ばれる.

[2] キラルな分子は 2-メチルブタナール.

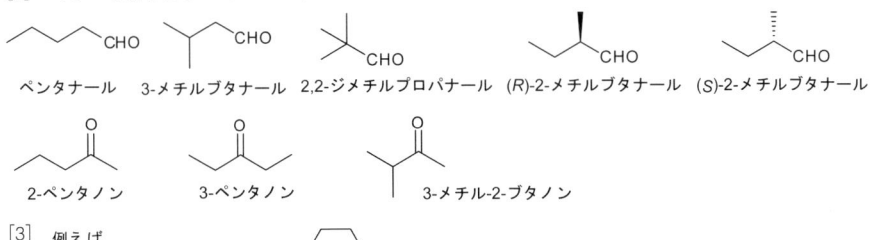

ペンタナール　　3-メチルブタナール　　2,2-ジメチルプロパナール　　(R)-2-メチルブタナール　　(S)-2-メチルブタナール

2-ペンタノン　　3-ペンタノン　　3-メチル-2-ブタノン

[3] 例えば a) PhCH=NNH$_2$　b) 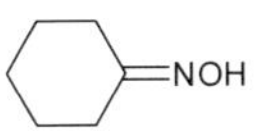 シクロヘキサノン=NOH　c) PhCH=NH　d) CH$_3$CH(OCH$_3$)$_2$

[4]
a) 3-フェニル-1-プロパノール
b) フェニルプロパナール CH=NOH オキシム
c) 4-フェニル-2-ブタノール
d) フェニルプロパナール CH(OCH$_3$)$_2$ アセタール

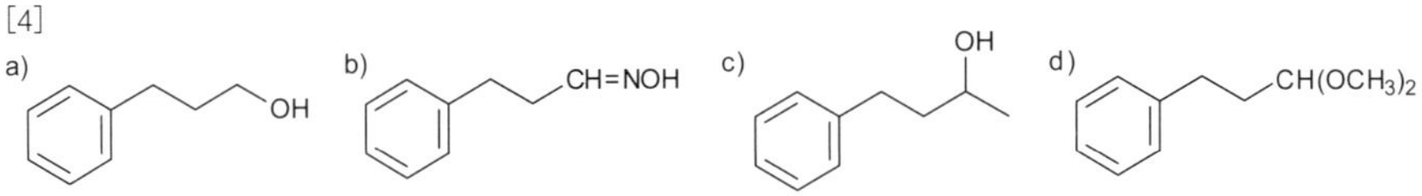

[5] ケトンは酸性または塩基性条件でケト-エノールの互変異性を示す．光学活性な(R)-2-メチルシクロヘプタノンをHClまたはNaOH水溶液に溶かすと，中間にエノールを経るラセミ化が進行するので，その結果，最終的にはラセミ体の2-メチルシクロヘプタノンが得られる．

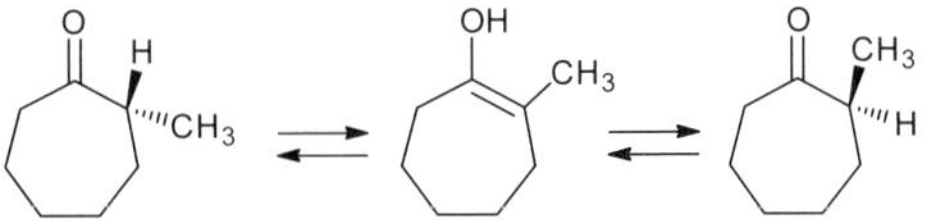

[6] a) Ph–CH(OH)–Et　b) Ph–C(OH)(CH$_3$)–Et　c) Ph基の1,3-ジオキソラン（Et置換）　d) Ph–CO–CHBr–CH$_3$　e) Ph–C(=CH$_2$)–Et

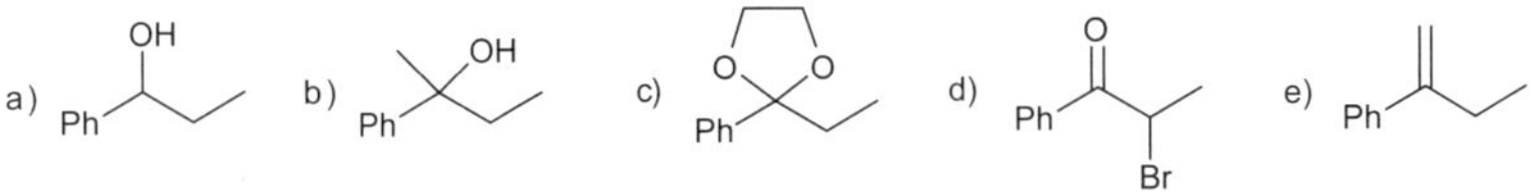

[7] （ジアルデヒドから +2H$^+$/-2H$^+$ でプロトン化，-H$^+$/+H$^+$ でエノール化し，分子内アルドール環化を経て 2-ヒドロキシシクロペンタンカルバルデヒドに至る機構）

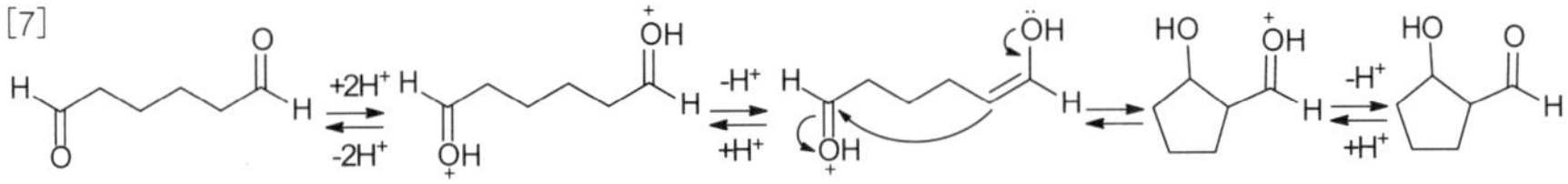

[8] 11.6節で示したエノン構造は安定であり，さらに分子内で水素結合を作り六員環エノールを形成して安定化する．

第12章

[1] キラルな分子は 2-メチルブタン酸．

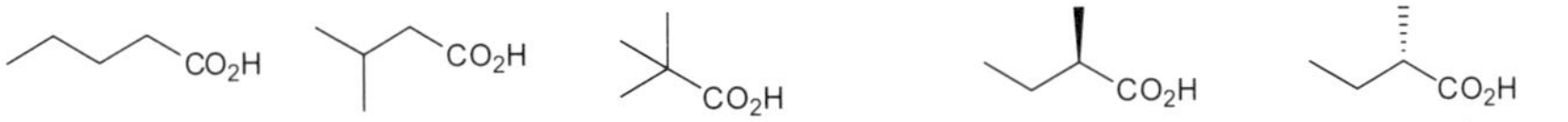

ペンタン酸　　3-メチルブタン酸　　2,2-ジメチルプロパン酸　　(R)-2-メチルブタン酸　　(S)-2-メチルブタン酸

[2] a) トリクロロ酢酸＞シュウ酸＞クロロ酢酸＞3-クロロプロパン酸，b) ギ酸＞安息香酸＞酢酸＞フェノール＞メタノール

[3]

$CH_3COOH \xrightarrow[-H^+]{+H^+} CH_3C(OH)_2^+ \xrightarrow[+H^+]{\ddot{O}CH_2CH_3, -H^+} CH_3C(OH)(OCH_2CH_3) \xrightarrow[-H^+]{+H^+} CH_3C^+(OH_2)(OCH_2CH_3) \xrightarrow[+H_2O]{-H_2O} CH_3C^+(OCH_2CH_3)(OH) \xrightarrow[+H^+]{-H^+} CH_3COOCH_2CH_3$

[4]
a) $CH_3CH_2CO_2H \xrightarrow{\text{1) LiAlH}_4;\ \text{2) H}_3O^+} CH_3CH_2CH_2OH$
b) $CH_3CH_2CH_2OH \xrightarrow{PCC} CH_3CH_2CHO$ PCC: $\text{C}_5\text{H}_5\text{NH}^+ \text{CrO}_3\text{Cl}^-$
c) $CH_3CH_2CH_2Br \xrightarrow{NaCN} CH_3CH_2CH_2CN$
d) $CH_3CH_2CH_2Br \xrightarrow{KO^tBu} CH_2=CHCH_3$

[5]

$CH_3CHO \xrightarrow[I_2]{OH^-} \cdots \rightarrow CH_2ICHO \xrightarrow[-I^-]{OH^-/I_2} CHI_2CHO \xrightarrow[-I^-]{OH^-/I_2} CI_3CHO \xrightarrow{OH^-} HCOO^- + CHI_3 \text{（ヨードホルム）}$

[6]
a) $CH_3(CH_2)_4CH_2OH$ b) C_5H_{11}—C(CH_3)_2OH c) $C_5H_{11}CON(CH_3)_2$

[7]
a) $CH_3CH_2CH_2CH_2OH$ b) C_3H_9—C(CH_3)_2OH c) $CH_3CH_2CH_2CO_2Na$ d) $CH_3CH_2CH_2CONHCH_3$
e) $CH_3CH_2CH_2CO_2CH_3$ f) $CH_3CH_2CH_2CO-O-COCH_3$

第 13 章

[1] a) イソプロピルアミン（第一級），b) N-メチルプロピルアミン（第二級），c) N-エチル-N-メチルイソプロピルアミン（第三級），d) N,N-ジメチルアニリン（第三級）

[2] a) エチルアミン＞アニリン＞アセトアミド，b) アニリン＞m-ニトロアニリン＞p-ニトロアニリン

[3] プロピルアミンでは窒素原子上の非共有電子対と分極した N—H 水素の間に水素結合が存在するが，窒素原子上に水素をもたないトリメチルアミンでは分子間水素結合は存在しない．その結果，プロピルアミンとトリメチルアミンは同じ分子量をもつが，分子間に強い相互作用をもつプロピルアミンの方が沸点が高くなる．

[4]
a) $CH_3CH_2\overset{+}{N}(CH_3)(CH_2CH_2CH_3)(CH_2C_6H_5)$ （A）
b) $CH_3N(CH_3)(CH_2CH_2CH_3) \rightleftarrows CH_3N(CH_3)(CH_2CH_2CH_3) \rightleftarrows CH_3N(CH_2CH_3)(CH_2CH_2CH_3)$ （B）

化合物 A，B ともに窒素の原子軌道は sp³ 混成であり，正四面体構造をとる．したがって，どちらも R 体と S 体に分離できるはずであるが，B では R 体と S 体の間に早い平衡が存在するので，R 体と S 体を分離することはできない．これに対して，A ではこのような反転は存在しないので，R 体と S 体を分離することができる．

[5]
a) $CH_3CH_2CH_2\text{C}(=O)NH_2$ （A） $CH_3CH_2CH_2CH_2NH_2$ （B）
b) CH_3CH_2CN （C） $CH_3CH_2CH_2NH_2$ （D）
c) $C_6H_5NH_2$ （E） $C_6H_5NHCOCH_3$ （F）

第 14 章

[1]

3位に付加

2位に付加

4位に付加

ピリジンの求電子置換反応が2位および4位に起こると，炭素より電気陰性度の大きな窒素状にプラスの電荷が存在する構造ができるので，不安定化によって反応は起こりにくくなるが，3位に付加が起こる場合には，そのような不安定化がないので，反応は3位に起こる．

[2] 中間体

[3] すべて芳香族化合物．イミダゾール：6π，インドール：10π，プリン：10π

[4] ピロールでは図14.5に示したように窒素上の非共有電子対が環状共役に組み込まれており，非局在化している．これに対して，ピリジンの窒素上の非共有電子対は窒素上に局在化している．このため，ピリジンの窒素原子はアミンとしての性質を示すが，ピロールの窒素原子の塩基性は非常に弱くなる．また，ピロールの窒素原子にプロトンが付加したカチオンは$4n\pi$電子系となるので，芳香族安定化を失うことになり，このこともピロールが塩基性を示さない理由である．

第 15 章

[1] 構造式を以下に示す．加水分解によりグルコースが生成し，フェーリング反応は陽性となる．

[2]   [3] グリシン   アラニン

[4] n番目のペプチド結合におけるNHは，$n-4$番目のペプチド結合のカルボニル基と水素結合を形成する．

[5]
(a) $CH_3(CH_2)_{10}COONa$ (b) $CH_3(CH_2)_7CH=CH(CH_2)_7COOC_2H_5$ (c) $CH_2O(CO)(CH_2)_{14}CH_3$
$CHO(CO)(CH_2)_{14}CH_3$
$CH_2O(CO)(CH_2)_{14}CH_3$

第 16 章

[1] 反応途中で生成する中間体は，フェニル基と共役して安定化したベンジルラジカルであるから，頭と尾が結合する方向に反応は進む．

Ph-CH=CH$_2$ + In· ―→ (反応の開始) Ph-ĊH-CH$_2$-In ―n Ph-CH=CH$_2$→ (ポリマーの成長) Ph-ĊH-CH$_2$-(CH-CH$_2$)$_{n-1}$-CH-CH$_2$-In ―→ (重合の停止)

Ph-CH-CH$_2$-(CH-CH$_2$)$_{n-1}$-CH-CH$_2$-In
Ph-CH-CH$_2$-(CH-CH$_2$)$_{n-1}$-CH-CH$_2$-In
（ラジカルの再結合）

+ Ph-CH=(CH-CH$_2$)$_{n-1}$-CH-CH$_2$-In Ph-CH$_2$-(CH-CH$_2$)$_{n-1}$-CH-CH$_2$-In
（不均化）

[2] この反応では二重結合が一つ失われ単結合が二つ生成する．そこで$82\times2-146=20$ kcal mol^{-1}の発熱反応になる．

[3] a) 電子供与基であるメチル基を二つもつオレフィンであるから，カチオン重合を起こしやすい．
b) α, β-不飽和ケトンの二重結合は電子不足オレフィンであるから，アニオン重合を起こしやすい．
c) 酸素原子上の非共有電子対がオレフィン部に非局在化して，オレフィンは電子豊富になるので，カチオン重合を起こしやすい．

[4] 6,6-ナイロン　　　　　　　　　　　　　　ポリエチレンテレフタレート

$H_2N-(CH_2)_6-NH_2$　$HOOC-(CH_2)_4-COOH$　　$HO-\underset{O}{\overset{O}{C}}-C_6H_4-\underset{O}{\overset{O}{C}}-OH$　$HOCH_2CH_2OH$

[5]

索引

Beckmann 転位反応　134
Birch 還元　109

Claisen 縮合反応　131
Clemmensen 還元　96, 119

Dieckmann 縮合反応　131
Diels-Alder 反応　65
DL 表示法　20

E1 反応　77
E2 反応　77
E, Z 表示法　24

Fischer 投影式　18
Fischer のエステルの合成法　129
Friedel-Crafts 反応　95, 113

Grignard 試薬　74, 85, 116, 128
Grignard 反応　116

Hückel 則　92
Hofmann 分解　142
Hund の法則　6

IUPAC　50

Knoevenagel 反応　117

Lewis 酸触媒　94

Markovnikov 則　61
MO 法　7

Newman 投影式　25

p 軌道　5
Pauli の排他原理　5

RS 表示法　19

s 軌道　5
Sandmeyer 反応　108
Saytzeff 脱離　142
S_N1 反応　76
S_N2 反応　75
sp 混成　66
sp 混成軌道　10
sp^2 混成　58, 76
sp^2 混成軌道　9
sp^3 混成　48, 83
sp^3 混成軌道　8

van der Waals 力　35, 48
VB 法　7
VSERR 則　11

Wacker 酸化　112
Williamson エーテル合成法　88
Wittig 試薬　116
Wittig 反応　117
Wolff-Kishner 還元　96, 118

Ziegler-Natta 触媒　166

ア 行

アキシアル結合　28
アキラル　18
亜硝酸　142
亜硝酸ナトリウム　107, 141
アシル化　95
アセタール　115
アセチリド　68
アセチル化　106
アセトアニリド　106
アセトアルデヒド　112
アセト酢酸エチル　131
アセトフェノン　96
アタクチック　166
アニオン重合　163
アニリニウム塩　107

アニリン　106
アノマー　152
アノマー性炭素　152
アミド　133
アミノ基　34
アミノ酸　156
アミロース　154
アミロペクチン　154
アミン　137
アリール基　93
アルカリ加水分解　130
アルカン　48
アルキル化　95
アルキルフェニルエーテル　103
アルキルマロン酸ジエチル　132
アルキン　66
アルケン（オレフィン）　57, 72, 142
アルコキシド　73, 86
アルコール　72, 82
アルデヒド　85, 87, 111
アルドース　150
アルドール　121
アルドール縮合　121
α-ヘリックス　158
アレーン　92
アンチ付加　62
アントラセン　92

イオン結合　32
いす形（配座）　27, 53
イソタクチック　166
イソブチル基　51
イソプロピル基　50
イソプロピルベンゼン　103
一酸化炭素　112
イミダゾール　148

エクアトリアル結合　28
エステル　129, 130

エステル化　129
エタナール　111
エタン　48
1,2-エタンジオール　115
エチル基　50
エチルベンゼン　96
エチレン　57
エチレングリコール　89
エチン　66
エーテル　88
エナンチオマー　18
エノラート　131
エノラートイオン　121
エノール（形）　68, 120
エポキシド　64, 89
塩化アセチル　96
塩化オキサリル　128
塩化チオニル　72, 128
塩化銅　112
塩化パラジウム　112
塩化ベンゾイル　128
塩化メチレン　54
塩基　58, 77
塩基解離指数　139
塩基解離定数　139
塩素　62

オキサゾール　148
オキソニウムイオン　38
オゾン分解　64, 113
オルト（ortho）　93
オレフィン（アルケン）　57, 72, 142

カ　行

過安息香酸　120
回転異性体　26
過酢酸　120
過酸　164
カチオン重合　163
カプロラクタム（ε-）　134
過マンガン酸カリウム　120
カルボアニオン　38, 85
カルボカチオン　37
カルボカチオン中間体　59, 76, 94
カルボキシラートイオン　126
カルボニル基　34, 111

カルボン酸　87, 125
カルボン酸エステル　85
環化反応　131
環化付加　65
官能基　2, 33

逆 Markovnikov 則　63
求核剤　60, 73
求核置換反応　73
求核付加反応　113
求ジエン　65
求電子剤　60, 94
求電子置換反応　95
求電子付加反応　60
強酸　41
共重合体　160
鏡像異性体　17, 138
共鳴安定化　44
共鳴エネルギー　44
共鳴効果　41
共鳴構造　42
共鳴混成体　42, 98
共役ジエン　65
共有結合　6, 32
極限構造　98
極限構造式　98
極性　33
極性結合　33
極性分子　35
キラル　18
金属触媒　63

クメン　96
クメンヒドロペルオキシド　103
クメン法　103
クラッキング　54
グリセリン　155
クロロ（接頭語）　71
クロロクロム酸ピリジニウム　87, 113
クロロメタン　54
クロロホルム　54

形式電荷　39
β-ケトエステル　131
ケト形　120
ケトース　150
ケトン　85, 87, 111

けん化　156
原子価殻電子対反発則　11
原子価結合法　7
原子軌道　4

光学活性　18
構造異性体　16, 50
構造式　16
五塩化リン　128
互変異性　68, 120
コポリマー　160
混合アルドール縮合　121
混成軌道　8

サ　行

最外殻電子　8
酢酸　41
酢酸エチル　131
鎖状化合物　3
三塩化アルミニウム　95
酸化物　132
三塩化リン　128
酸化　87
酸解離指数　126
酸解離定数　126
酸加水分解　130
三臭化リン　72
酸素求核剤　86

1,3-ジアキシアル相互作用　28
ジアステレオ異性体　22
ジアステレオマー　22
ジアゾカップリング反応　108
ジアゾニウム塩　107, 141
シアノ基　34
シアノヒドリン　116
シアン化物イオン　73
ジエチルエーテル　36, 88
ジエン　109
四塩化炭素　55
磁気量子数　4
σ結合　34, 59, 66
σ錯体　94
シクロアルカン　52
シクロブタン　53
シクロプロパン　53
1,4-シクロヘキサジエン　108
シクロヘキサノン　134

索　引

シクロヘキサン　27, 53, 108
シクロペンタン　53
脂質　155
シス-トランス異性　23
シス-トランス異性体　58
脂肪酸　155
脂肪族　48
ジメチル硫酸　103
四面体中間体　130
弱酸　41
臭化フェニルマグネシウム　105
周期表　33
重合開始剤　162
臭素　62
縮合　53
縮合重合　164
主量子数　4
シンジオタクチック　166
シン付加　63

水酸化アルミニウム　119
水酸化物イオン　73
水酸化リチウム　119
水素化アルミニウムリチウム　84, 119, 140
水素化ホウ素ナトリウム　119
水素結合　35, 133
水素付加　63, 67
ステロイド　53
スピン量子数　4
スルホナート基　74
スルホン化　96
スルホン酸　102

正四面体構造　48
接触還元　108, 140
セルロース　154
遷移状態　75
旋光性　18

双極子　33
双極子-双極子相互作用　35
双極子モーメント　34, 135
疎水性　83

タ　行

第四級アンモニウム塩　137, 142
脱水　58, 86
脱ハロゲン化水素　58
脱離基　74
脱離反応　58, 73, 77
多糖　154
炭化カルシウム　67
炭化水素　48
炭酸イオン　44
炭素環式化合物　3
炭素求核剤　74
単糖　150
単独重合体　160

置換反応　94

テトラヒドロフラン　88, 119
テトロース　150
電気陰性度　32, 33, 85, 111
電子求引性　40
　――の置換基　97
電子供与性　40
　――の置換基　97
デンプン　154

同族体　48
糖類　150
トリオース　150
トリクロロアセトアルデヒド　114
2,4,6-トリニトロトルエン　95
トリフルオロ酢酸　41
2,4,6-トリブロモアニリン　106
トリブロモケトン　122
2,4,6-トリブロモフェノール　104

ナ　行

ナトリウムエトキシド　131
ナトリウムフェノキシド　103
ナフタレン　92

二重結合　57
二糖　153
ニトリル基　135
ニトロ基　40, 142
ニトロシルカチオン　107
ニトロソアミン　142
ニトロフェノール　104
尿素樹脂　165

熱硬化性　165

ハ　行

π共役系　42
π結合　34, 42, 58, 66
配座異性体　27
パラ（para）　93
ハロアルカン　71
ハロゲン　54
ハロゲン化　55, 67, 72
ハロゲン化アルキル　58, 59, 71, 72, 86, 140
ハロゲン化水素　86
ハロゲン化水素付加　68, 72
ハロゲン化物イオン　74
ハロホルム反応　123

非共有電子対　8
非局在化　42
ピクリン酸　95, 104
ヒドリド　119
ヒドリドイオン　84
ヒドリド還元　84
β-ヒドロキシカルボニル化合物　121
ヒドロキシ基　34, 82, 102
ヒドロキシルアミン　134
ヒドロニウムイオン　126
ピペリジン　148
ピラジン　148
ピラミッド構造　138
ピリジン　145
ピリダジン　148
ピリミジン　148
ピロリジン　148
ピロール　146

フェナントレン　92
フェニル基　93
フェニルリチウム　105
フェノキシドイオン　102
フェノール　102
フェノール樹脂　165
付加反応　59, 94

複素環式化合物 3
不斉炭素原子 18
1,3-ブタジエン 44
ブタノール 36
ブタン 50
ブチル基 51
tert-ブチル基 51
sec-ブチル基 51
t-ブチルベンゼン 127
不対電子 8
沸点 48, 83
ブテン 57
t-ブトキシド 73
舟形（配座） 27
不飽和脂肪酸 155
フラン 146
フルオロ（接頭語） 71
プロパン 35, 48
プロピル基 50
プロピレン 57
プロペン 57, 103
ブロモ（接頭語） 71
ブロモニウムイオン 62
ブロモベンゼン 105
ブロモホルム 122
分極 33, 111
分散力 36, 48
分子間水素結合 138
分子軌道法 14

ヘキサン二酸 120
ヘキサン二酸エステル 131
ヘキソース 150
β-シート 158
ヘテロ原子 3
ヘテロリシス 38, 73
ペプチド結合 158

ヘミアセタール 115, 151
ヘリックス 158
ベンジル基 93
ベンゼン 45, 92
ベンゼンジアゾニウム塩 107
ベンゼンスルホン酸 96
ペントース 150

方位量子数 4
芳香族求電子置換反応 94, 142
芳香族性 44, 46
芳香族炭化水素 92
飽和脂肪酸 155
飽和炭化水素 48
ホモポリマー 160
ホモリシス 39, 54
ボラン 63
ポリアミド 164
ポリアミド合成繊維 134
ポリエステル 164
ポリペプチド 158
ポリマー 160
ホルミル基 111
ホルムアルデヒド 112

マ 行

曲がった矢印 38, 60
末端アルキン 68
末端オレフィン 142
マロン酸エステル合成法 132
マロン酸ジエチル 132

無極性分子 35
無水酢酸 104

メタ（meta） 93

メタナール 111
メタン 48, 54
メチル基 50
1-メチルシクロヘキセン 117
メチレン基 118

モノマー 160

ヤ 行

有機化合物 1
有機金属化合物 33
誘起効果 40, 98
誘起双極子—誘起双極子相互作用 37
融点 49, 83

ヨード（接頭語） 71
ヨードホルム反応 127

ラ 行

ラクタム 134
ラジカル 39, 54
ラジカル重合 161
ラセミ化合物 19
ラセミ体 76

律速段階 76
立体異性体 17
　環状化合物の── 28
立体効果 63
立体配座 25
リビング重合 164
リンイリド 117

連鎖反応 55

著者略歴

伊與田正彦（いよだまさひこ）［1章，章末問題］
- 1946年　愛知県に生まれる
- 1974年　大阪大学大学院博士課程修了
- 現　在　首都大学東京大学教育センター・大学院理工学研究科
  分子物質化学専攻特任教授・名誉教授
  理学博士

佐藤総一（さとうそういち）［2, 9〜13章］
- 1965年　兵庫県に生まれる
- 1994年　筑波大学大学院化学研究科博士課程修了
- 現　在　首都大学東京大学院理工学研究科分子物質化学専攻
  准教授
  博士（理学）

西長亨（にしながとおる）［4〜8章］
- 1967年　大阪府に生まれる
- 1995年　京都大学大学院工学研究科博士課程修了
- 現　在　首都大学東京大学院理工学研究科分子物質化学専攻
  准教授
  博士（工学）

三島正規（みしままさき）［3, 14〜16章］
- 1972年　愛知県に生まれる
- 2001年　奈良先端科学技術大学院大学バイオサイエンス研究科
  博士後期課程修了
- 現在　　首都大学東京大学院理工学研究科分子物質化学専攻
  准教授
  博士（バイオサイエンス）

基礎から学ぶ有機化学

定価はカバーに表示

2013年9月25日　初版第1刷
2021年3月25日　　　第7刷

著者　伊與田　正　彦
　　　佐　藤　総　一
　　　西　長　　　亨
　　　三　島　正　規

発行者　朝　倉　誠　造

発行所　株式会社 朝倉書店
東京都新宿区新小川町 6-29
郵便番号　１６２-８７０７
電話　03(3260)0141
ＦＡＸ　03(3260)0180
http://www.asakura.co.jp

〈検印省略〉

Ⓒ 2013〈無断複写・転載を禁ず〉

Printed in Korea

ISBN 978-4-254-14097-2　C 3043

JCOPY ＜(社)出版者著作権管理機構 委託出版物＞

本書の無断複写は著作権法上での例外を除き禁じられています．複写される場合は，そのつど事前に，(社)出版者著作権管理機構（電話 03-3513-6969, FAX 03-3513-6979, e-mail: info@jcopy.or.jp）の許諾を得てください．